气动伺服系统分析与控制

柏艳红 著

北 京
冶 金 工 业 出 版 社
2014

内 容 简 介

本书介绍了气动位置伺服系统的数学建模方法和过程、系统特性分析过程和结论，以及状态反馈控制和模糊控制在气动位置伺服系统中的应用。主要内容包括：系统非线性数学模型的建立，局部线性化模型建立的三种方法，系统特性试验研究分析及系统特有的"黏滑振荡"、"位移波动"等现象分析，改进的状态反馈控制、单神经元自适应状态反馈控制、带摩擦力补偿的位置压力双环控制、线性插值模糊控制、变参数双模糊控制、T-S型模糊状态反馈控制等气动位置伺服控制策略。

本书可供高等院校机械类专业的教师和研究生阅读，也可供从事气动控制技术研究的科研人员和工程技术人员参考。

图书在版编目(CIP)数据

气动伺服系统分析与控制/柏艳红著. —北京:冶金工业出版社,2014.12
ISBN 978-7-5024-6445-5

Ⅰ.①气…　Ⅱ.①柏…　Ⅲ.①气动伺服系统—研究
Ⅳ.①TP271

中国版本图书馆 CIP 数据核字(2015)第 057862 号

出　版　人　谭学余
地　　　址　北京市东城区嵩祝院北巷 39 号　邮编　100009　电话　(010)64027926
网　　　址　www.cnmip.com.cn　电子信箱　yjcbs@cnmip.com.cn
责任编辑　李培禄　廖　丹　美术编辑　吕欣童　版式设计　孙跃红
责任校对　郑　娟　责任印制　李玉山
ISBN 978-7-5024-6445-5
冶金工业出版社出版发行;各地新华书店经销;固安华明印业有限公司印刷
2014 年 12 月第 1 版,2014 年 12 月第 1 次印刷
148mm×210mm;5.875 印张;182 千字;175 页
28.00 元
冶金工业出版社　投稿电话　(010)64027932　投稿信箱　tougao@cnmip.com.cn
冶金工业出版社营销中心　电话　(010)64044283　传真　(010)64027893
冶金书店　地址　北京市东四西大街 46 号(100010)　电话　(010)65289081(兼传真)
冶金工业出版社天猫旗舰店　yjgy.tmall.com
(本书如有印装质量问题,本社营销中心负责退换)

前　　言

工业生产中广泛应用的机电伺服控制主要有电气伺服控制、液压伺服控制和气压伺服控制三种，其中以电气伺服控制和电液伺服控制居多。气动伺服系统由于工作压力低、固有频率低、阻尼小、刚度低等特点，实现高性能的伺服定位控制一直是个难题。工业自动化中的气动系统主要采用顺序控制，执行元件只能在始末端位定位，计算机技术、微电子技术及控制理论的发展给气动伺服控制带来了新的生机。从 20 世纪 80 年代初期开始，特别是近 20 年来，学者们在高性能电－气控制元件的开发、系统特性的研究、控制理论研究成果的应用等方面开展了气动伺服技术的研究，取得了一定的成果，气动伺服定位控制已在过程控制中的气动调节阀、汽车车身点焊设备、半导体高精度制造设备、自动化生产装配线、包装机械、机器人或机械手等领域广泛应用。

本书结合作者关于气动位置控制系统的特性和控制策略方面的研究成果，归纳国内外相关文献，应用自动控制与气压传动的基础理论，从系统建模、特性分析和控制策略三个方面介绍气动伺服系统。书中还介绍了 Matlab/RTWT 硬件在回路实时仿真技术以及 AMESim-Matlab 联合仿真技术在气动位置伺服系统中的应用。

全书共 5 章。第 1 章介绍气动伺服技术的发展和应用，气动伺服系统的组成、分类和特点，以及近代控制策略和系统辨识建模在气动伺服控制方面的应用概况；第 2 章在测试分析电－气比例阀的压力和流量特性以及气动执行元件摩擦力特性的基础上，理论推导建立了阀控缸动力机构的非线性模型；第 3 章介绍试验研究得出的气动位置伺服控制的特性以及特有的"粘滑振荡"、"位移波动"等现象，以及建立气动阀控缸动力机构局部线性化模型的理论推导法和基于 AMESim 线性工具的仿真分析法，并基于所建模型从不同角度对系统特性进行理论分析；第 4 章介绍基于"灰匣子"的阀控缸机构系统辨识建模法，理论分析和试验研究气动位置伺服系统基本状态反馈控制、改进状态反馈控制、带摩擦力补偿的位置压力双环控制系统以及单神经元自适应状态反馈控制的性能；第 5 章介绍线性插值模糊控制、基于带调整因子模糊控制的变参数双模糊控制器、T－S 型模糊控制的原理及应用于气动位置伺服系统的设计过程。

　　南京理工大学机械工程学院李小宁教授对本书的编写给予了热情的指导和支持，太原科技大学电子信息工程学院李虹教授对本书做了认真的审阅并提出了许多宝贵意见，在此表示真挚的感谢。在本书撰写过程中，参考了许多优秀的博士论文、研究文献和相关资料，在此向相关中外学者同行致谢。

　　由于作者的能力和水平有限，书中难免存在一些不足，敬请相关研究领域的专家、学者及广大读者批评指正。

作　者
2014 年 10 月

目　　录

1 绪 论

1.1 气动伺服技术的发展和应用

气动伺服系统的研究始于 20 世纪 50 年代后期，当时美国的 Sherarer 等人首次利用航天飞行器、导弹推进器所排出的高温、高压气体（20～30MPa，500℃）作为工作介质，开发了气动伺服控制系统，并成功应用于航天飞行器及导弹的姿态和飞行稳定控制。在高温、高压条件下，气动伺服系统更像液压伺服系统，具有较高的固有频率，控制比较容易实现[1]。但是，在一般的工业应用中，气动系统的工作压力较低（低于 1 MPa），这样，气动伺服系统明显地暴露出固有频率低、阻尼小、严重非线性及刚度差的缺点，采用传统的古典控制方法和模拟调节器很难达到理想的控制效果，因此，气压伺服系统的研究和应用受到了很大的限制。由于建立模型困难和缺乏有力的分析工具，早期的研究工作基本上借用液压伺服系统的研究成果，将系统视为一个三阶系统，并在此基础上进行系统分析与综合，研究工作基本没有进展[2]。

计算机技术、微电子技术及控制理论的发展为气动伺服系统带来了新的生机。20 世纪 70 年代后期，随着微电子技术的迅速发展，各种廉价、多功能、高性能集成电路的大量涌现，电子技术已渗透到各个领域。在此期间，各种性能优良的电－气控制元件不断被推出，国外著名的气动元件公司，如德国的 FESTO、BOSCH，日本的 SMC、小金井等公司均研制成功了电－气伺服阀、电－气比例阀和高速开关阀等性能良好的气动控制元件[3]。

在改善控制元件性能的同时，研究者试图从控制策略上来解决伺服系统控制问题。从 20 世纪 80 年代初期开始，特别是近十几年来，各国学者积极开展这方面的研究工作，改进 PID 控制、状态反馈控制、自适应控制、最优控制、鲁棒控制、滑模变结构控制、智能控制等各种控制理论都在气动伺服系统中进行了应用研究，取得了一定的成果。

目前市场上可得到的气动伺服控制器有 FESTO 的 CPX – CMAX，其定位精度达 ±0.2mm 或者 ±0.2°。英国利物浦大学的 Wang Jihong 开发的用于食品包装的气压位置控制系统精度达 ±1 mm。哈尔滨工业大学在水平放置、重载和大摩擦工况的气动位置伺服系统中获得了 ±0.02 mm 的精度[4]。

气动伺服控制系统由于可以在高温高湿、强磁场、要求防爆等恶劣环境下可靠地工作，以气动调节阀为代表在过程控制领域得到了广泛的使用。与电气伺服控制系统相比，气动伺服控制系统具有输出力大、无发热、不产生磁场等优点，在汽车的车身点焊设备、对热及磁场极其敏感的半导体高精度制造设备等工业设备中也发挥着不可替代的作用。另外，高速列车的气压减振系统、承载精密光学设备的空气弹簧式主动隔振台等也应用了气动伺服控制系统。由于不需要传动机构，气动伺服控制系统在需要直线运动的机械设备和自动化生产线中广泛应用，如装配生产线、材料装卸和搬运机械手、材料加工机械、包装机械、机床设备等。近些年，由于重量轻、低成本、检测气缸两腔压力可推定外力等特点，气动伺服控制系统开始被尝试研究应用于机器人手臂、灵巧手、远程手术主从操作系统等[5~7]。

1.2 气动伺服系统的组成及分类

1.2.1 气动伺服系统的组成

气动伺服系统的组成如图 1 – 1 所示。气动伺服系统主要由控制器、电 – 气控制阀、气动执行元件、传感器等组成。控制器根据给定输入与系统实际输出，按照一定的控制策略计算得出控制阀的输入信号，由电 – 气控制阀控制气动执行元件的流量和压力，从而控制其运行速度、位置、输出力等。

气动执行元件有直线气缸、摆动气缸、气爪、气动马达和气动人工肌肉等；电 – 气控制阀可以选择高速开关阀或阀组、电 – 气伺服阀和电 – 气比例阀；传感器可以是压力传感器、位置传感器、速度传感器、力传感器等；控制器可以采用工业控制计算机、单片机、

DSP、嵌入式系统、PLC 等。

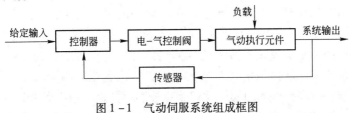

图 1 - 1 气动伺服系统组成框图

1.2.2 气动伺服系统的分类

根据电－气控制元件的不同，气动伺服系统可分为以下三大类[8]：

（1）基于开关阀的气动伺服系统。此类系统常用的控制方式主要有脉码调制（pulse code modulation，PCM）和脉宽调制（pulse width modulation，PWM）两种。开关阀采用数字信号控制，与计算机接口方便，价格便宜，特别是 PCM 可以采用普通的开关阀，但气动回路复杂，由于开关阀固有的不连续性，此类气动位置伺服系统通常很难获得较好的控制精度和良好的重复性能。

（2）基于电－气伺服阀的气动伺服系统。此类系统控制精度高，控制性能好，但伺服阀价格昂贵，使用条件苛刻，一般应用场合难以接受。

（3）基于电－气比例阀的气动伺服系统，包括基于电－气比例压力阀的气动伺服系统和基于电－气比例流量阀的气动伺服系统。此类系统气动回路元件少，气动回路简单，控制精度较高，而比例阀比伺服阀价格要便宜得多。刚度低是比例压力阀控气动位置伺服系统的缺点。

这三大类系统中，最常用的是比例阀式气动伺服系统。

根据被控量的不同，气动伺服系统又可分为以下几类[5]：

（1）力伺服控制系统。力伺服控制系统控制气缸的输出力，使其保持稳定并随工艺要求而变化，在印刷机的纸张、卷箔机的铝箔等的张力控制以及负载模拟器等中被广泛采用。

（2）位置伺服控制系统。位置伺服控制包括点－点定位控制和轨迹跟踪控制。在工业生产线的工件搬运等生产流程中广泛采用点－点定位控制，气动机械手关节常采用轨迹跟踪控制。

（3）力和位置复合控制系统。在人工肌肉驱动的机器人手臂、带力反馈的主从控制系统中要求同时进行力与位置的控制。在主从控制系统中，从控制手在对主控制手进行位置跟踪的同时，还需将从控制手前端接触的力实时反馈到主控制手并提示给操纵者。

（4）速度伺服控制系统。与电动机马达一样，使用气动马达的时候要求进行速度控制。气动马达由于不易控制、能量效率低等缺点，使用领域极其有限，现只限用于防爆要求的矿井、高速旋转的牙医工具等少数场合。

其中，气动位置伺服控制在工业生产中应用最广，但受空气的压缩性、非线性摩擦力等的影响，在技术上还存在许多难题，提高气动位置伺服系统的控制性能是这一技术领域长期追求的目标。按照气动执行元件运动形式的不同，气动位置伺服系统可分为直线位置伺服系统（以直线气缸、气动人工肌肉为执行元件）和旋转位置伺服系统（以摆动气缸为执行元件）。摆动气缸能在较低的转速下产生较大的驱动转矩，与电气驱动中的直接驱动电机相当，不需要中间减速装置，可以直接驱动负载，直线气缸为直线运动的直接驱动器，摆动气缸和直线气缸在工业自动化和机器人领域都被大量应用。

1.3　气动伺服系统的特点

1.3.1　气动技术的特点

气动技术与液压、电气等其他传动和控制方式相比，其主要优缺点如下[9]：

（1）气动装置结构简单、轻便，安装维护简单；压力等级低，使用安全。

（2）工作介质是取之不尽、用之不竭的空气，空气本身不花钱；排气处理简单，不污染环境，成本低。

（3）输出力及工作速度的调节非常容易。气缸动作速度一般为

50 ~ 500 mm/s，比液压方式和电气方式的动作速度快。

（4）可靠性高，使用寿命长。电器元件的有效动作次数约为数百万次，有些公司产品寿命达 2 亿次。

（5）利用空气的可压缩性，可贮存能量，实现集中供气；可短时间释放能量，以获得间歇运动中的高速响应；可实现缓冲；对冲击负载和过负载有较强的适应能力；在一定条件下，可使气动装置有自保持能力。

（6）全气动控制具有防火、防爆、耐潮的能力。与液压方式相比，气动方式可在高温场合使用。

（7）由于空气流动损失小，压缩空气可集中供应，远距离输送。

（8）由于空气有压缩性，气缸的动作速度易受负载的变化而变化。

（9）气缸在低速运动时，由于摩擦力占推力的比例较大，气缸的低速稳定性不如液压缸。

（10）虽然在许多应用场合，气缸的输出力能满足工作要求，但其输出力比液压缸小。

总之，气动系统具有成本低，功率重量比高，速度快，干净无污染，安全可靠，使用维护方便，适用于易燃、易爆、高温、磁辐射等恶劣环境等优点，在汽车制造工业、电子和半导体制造行业、自动化生产线、包装机械、机器人或机械手、气动工具等领域广泛应用。

1.3.2　与液压伺服系统相比气动伺服系统的特点

与液压伺服控制系统相比，气动伺服系统具有以下特点[4,10]：

（1）固有频率低。气体压缩性大，气弹簧的刚度和气体压力有关，而工业应用中的压缩空气压力通常都很低（0.3 ~ 0.8 MPa），因此系统固有频率低，通常在 10 Hz 以下。

（2）系统阻尼小。空气的黏性小，意味着系统阻尼小，易引起系统响应的振荡。由于阻尼小，系统的增益不可能高，系统的稳定性易受外部干扰和系统参数变化的影响。

（3）气体通过阀口的流动比液体的流动复杂。气体通过阀口的流动与阀口上下游的压力有关，而不仅是与压差有关。根据上下游压力比，气体的流动分声速流动和亚声速流动，亚声速流与压力比的曲线为椭圆曲线。

（4）气体的热力学过程复杂。气动系统中，能量的传递和转化是通过气体工质的一系列状态变化过程来实现的，在变化过程中不仅状态参数在变化而且比热也随温度变化，这些过程很复杂。

（5）直线气缸或摆动气缸的摩擦力与驱动力之比大。在位置伺服系统中，相对较大的非线性摩擦力不仅会使稳态定位精度低，而且和气体的压缩性相互作用，造成粘滑振荡特性。

综合上述特点，气动伺服系统是一个强非线性系统，引起非线性的因素包括空气的压缩性、腔内气体复杂的热力学过程、比例流量阀有效截面与控制量的非线性关系、阀口流量的非线性以及相对驱动力较大的非线性摩擦力等。由于气动伺服系统的强非线性、控制压力低、压力响应慢等原因，对其实现高精度的有效控制一直是个难题。

1.4　近代控制策略在气动伺服控制中的应用概况

控制策略是气动伺服技术的关键所在。由于气动系统本质上属于非线性时变系统，这给气动系统的伺服控制带来了困难。众多控制理论研究成果的应用，是气动伺服系统研究的主要内容，各国气动研究者都在努力寻找一种最佳的控制策略。近年来对气压伺服系统控制策略的研究，主要集中在改进的 PID 控制、状态反馈控制、自适应控制、最优控制、神经网络控制、模糊控制、鲁棒控制以及滑模变结构控制等几个方面。

1.4.1　改进的 PID 控制

PID 控制是最早发展起来的控制策略之一，具有算法简单、鲁棒性好、可靠性高、相对容易调节等特点，广泛应用于工业自动化生产过程。

由于气动伺服系统的严重非线性，单纯的经典 PID 无法对其实现有效控制，学者们以 PID 控制为基础，结合一些补偿方法来提高其控制性能。文献［11］在比例流量阀控气动位置控制系统中，将PID控制与压力辅助控制相结合，避免了PID控制时存在的振荡现象，提高了定位精度。文献［12］采用带制动器辅助制动的PID控制来提高比例压力阀控气动位置伺服系统的刚度。文献［13］提出PID控制器结合摩擦力补偿和位置前馈的控制策略以提高系统的跟踪性能。文献［14］提出了一种参数自调节控制器，控制器由PID控制、速度和加速度前馈控制以及摩擦力补偿器组成，控制器参数通过几次阶跃响应过程的在线优化学习获得。

但是，由于气动伺服系统的高度非线性和时变不确定性，固定参数的PID控制不能保证系统在不同工作点都达到理想的控制性能，学者们采用了参数在线自调节的PID控制算法。基于模糊推理的自适应PID控制通过模糊推理在线调节PID的参数。文献［15］在基于比例压力阀的气动位置伺服系统研究中，采用了模糊PID控制算法，根据误差和误差变化进行分区间分段控制，通过模糊推理在线整定PID的三个参数。基于神经网络的自适应PID控制的结构方式有两类，在气动伺服系统中都有应用。一类是单神经元控制，即神经元输入权值——对应PID参数，神经元输入值为经过比例、积分、微分处理的误差值，输出为控制量[16,17]。另一类是在常规PID控制器的基础上增加一个神经网络模块，神经网络的输出为PID控制器的三个参数[8,18]。

1.4.2　状态反馈控制

在位置控制系统中，引入速度或加速度反馈可以改善系统的动态性能。文献［19］在基于比例方向阀的气动伺服系统轨迹跟踪控制中，使用了带速度和加速度反馈的PI控制，为了补偿非线性的影响，还针对由空气压缩性引起系统的时延以及气缸静摩擦力引起系统的死区，采用了时延最小化方法和死区补偿法。文献［20］在比例方向阀控气动伺服定位系统中，采用了带摩擦力补偿的PVA/PV（P表示位置，V表示速度，A表示加速度）控制器，为了避免加速度反馈在目标位置附近引起"振动"，在目标位置的一定范围内将其关掉，采用PV控制。文献［21］采用单神经元自适应PVA控制在线学习修正 PVA 参数。

气动位置伺服系统中，两腔压力作为中间状态控制着系统的运动过程，因此，一些学者考虑采用压力控制来改善系统的动态性能。对压力的控制主要有两种方式，一种是在 PID 或改进 PID 控制的基础上增加压力差反馈控制[22]，另一种是增加压力差控制环，采用具有压力控制内环和位置控制外环的双环控制[23~25]。压力反馈可以有效补偿气缸两腔压力的滞后，明显提高系统阻尼，但是使系统的刚度降低，稳态误差增大。采用压力反馈时，通常使用摩擦力补偿来提高定位精度。文献 [24] 在压力控制环使用带反馈线性化的 PID 控制器来抵消摩擦力引起的非线性，位置控制环使用带神经网络或非线性观测器的摩擦力补偿器的 PID 控制器，如果内外环的非线性能完全补偿，则位置控制系统可以看作线性系统。文献 [25] 中，压力控制环和位置控制环也都采用 PID 控制，在压力环采用观测器来补偿活塞速度和流量非线性的影响，位置环采用另一观测器来补偿摩擦力和参数变化的影响，提高了系统的鲁棒性。

文献 [26] 在气动垂直伺服定位系统的状态反馈控制中，对两腔压力分别控制，状态变量包括位置、速度以及两腔压力四个状态，根据系统运行方向和误差大小，采用了分段变增益状态反馈控制方法。文献 [27] 在摆动气缸位置定位控制中，以压力差微分、位置、速度为状态变量，克服了压力差反馈引起稳态误差问题。文献 [28] 根据最优线性二次型性能指标原理，设计了基于伺服阀的气动伺服系统的最优状态反馈控制器（包括位移、速度、加速度三个状态）。但是，最优控制建立在控制过程的精确线性化数学模型基础上，这对气压伺服系统来说是很困难的，这种方法在实际应用时带有一定的局限性。

以上固定增益的线性控制方法，当工作范围较大时，控制性能可能变得很差甚至不稳定，因为线性控制器对非线性特性负面影响的容忍是有限的。

1.4.3 鲁棒控制

气动伺服系统是一个强非线性系统，采用线性化模型根据线性系统理论设计控制器时，必须考虑控制器对模型不准确和系统运行参数摄动的鲁棒性。文献［29］在反馈线性化的基础上，采用 H_∞ 理论设计了状态反馈控制器。文献［30］在 PWM 开关阀式气动位置伺服系统的研究中，在反馈线性化的基础上，采用定量反馈理论（quantitative deedback fheory，QFT）设计了控制器。文献［31］对气压驱动系统活塞移动速度的鲁棒控制进行了研究，在系统的线性化模型参数范围内设计极点配置控制器，得到鲁棒极点配置控制器系数集合，在其中选择一组控制器系数。文献［32］将气动伺服系统的非线性部分看作干扰得到线性模型，设计了一种鲁棒跟踪控制器，它结合了鲁棒控制和模型参考自适应控制的优点。

鲁棒控制器对系统参数的摄动具有鲁棒性，但鲁棒性和控制性能必须折中，因为鲁棒范围越大必将导致控制性能越差。

1.4.4 滑模变结构控制

滑模控制对系统参数变化和外部干扰具有较强的鲁棒性，是一种公认的鲁棒控制方法。采用滑模控制，系统的动态特性可以通过滑动模态设计来预先设定，与控制对象的参数及外部扰动无关。无论是对线性系统还是非线性系统，滑模控制都显示出良好的控制特性。这些特点吸引着研究者将滑模控制应用于气动伺服系统中[33~42]。

文献［33］对开关阀控制的气动位置控制系统设计了滑模控制器，滑模切换函数采用包括误差和速度的线性函数，为了避免期望值附近的"抖振"，在一定偏差范围内，采用 PWM 控制。文献［34］在比例方向阀控制的气动伺服系统中，采用了连续滑模控制器，切换函数采用包括位置误差、速度和加速度信号的线性函数，并引入边界层来消除系统的"抖振"，试验结果表明该控制器对负载的变化具有较强的鲁棒性。文献［35］为基于两个比例流量阀的气动伺服定位和轨迹跟踪控制系统设计了滑模控制器，以压力差信号代替加速度信号，切换函数采用包含位置误差、速度和压力差信号的线性函数。文献［36］推导了 PWM 开关阀式气动控制系统的解析模型，在此基础上设计了滑模控制器。文献［37］为基于比例压力阀的气动位置伺服系统设计了一种鲁棒滑模控制器，该控制器对负载的变化具有较强的鲁棒性，轨迹跟踪误差较小，但是该研究仅适用于二阶气动伺服系统。

然而，滑模变结构控制本质上的不连续开关特性会引起系统的"抖振"问题。连续化和趋近律是常用的两种解决"抖振"的方法。消除了"抖振"也就消除了滑模变结构控制的抗摄动及抗干扰的能力，必须在鲁棒性和"抖振"之间做出折中选择。

1.4.5 自适应控制

针对运行条件变化以及模型参数存在不确定和摄动的控制策略可以分为两类，一类是如前所述的鲁棒设计方法，另一类是自适应控制。传统的自适应控制系统包括模型参考自适应控制系统和自校正调节器两类。两种方法在气动伺服系统中都有应用。

文献［43］在气动伺服系统中采用了自适应状态反馈控制，反馈增益分为两部分，一部分是根据某一工况下的线性化数学模型按最优线性二次型性能指标设计的状态反馈增益，另一部分为用模型参考自适应机构来修正的状态反馈增益。文献［44］采用定常跟踪的自适应控制律设计了模型参考自适应控制器。

文献［45］设计了气动位置伺服系统的带积分的线性二次高斯（linear quadratic guass，LQG）自校正控制器，采用递推最小二乘法在线辨识获取系统的时变参数，并利用卡尔曼滤波器估计系统的状态。文献［46］在基于比例压力阀的气动位置伺服系统中，设计了运用极点配置的自校正自适应控制器。文献［47］指出，由于气动伺服系统的非线性，采用基于线性模型的自适应极点配置难以获得满意的控制性能，提出了带神经网络的自适应极点配置控制方法，用神经网络辨识系统的非线性部分的逆模型，采用该逆模型对系统补偿，使非线性系统线性化。文献［48］为比例压力阀控气动伺服系统设计了自适应变增益控制器，根据工作点线性化模型，按线性二次型性能指标设计最优状态反馈控制器，在不同的工作点计算相应的模型参数，进而实时调整状态反馈控制器的增益。

自适应控制在一定程度上解决被控对象参数的不确定性问题，

但其本质仍然要求在线辨识对象模型，所以算法复杂，计算量大，且它对过程的未建模动态和扰动的适应能力差。

1.4.6 神经网络控制

神经网络具有很强的非线性逼近能力和自学习能力，可以用它辨识对象的数学模型或逆模型，也可以将它作为控制器。学者们将神经网络控制引入到气压伺服系统。

除了前面讲的与 PID 控制或其他控制方法相结合的复合控制外，目前单纯的神经网络控制应用主要有两种类型。一类是采用神经网络辨识系统的逆模型，作为前馈控制器，与其他反馈控制相结合。文献［49］用多层前向神经网络（multilayer neural network，MNN）离线辨识系统的逆模型，以该 MNN 逆模型作为前馈控制器，与速度反馈 PID 或加速度反馈 PI 控制相结合，作为气动轨迹跟踪控制系统的控制器。基于逆模型的前馈控制可以大大改善系统的轨迹跟踪能力，但当对象不确定时，基于逆模型的前馈控制器不能纠正由对象的不确定引起的跟踪误差，甚至会对控制性能产生负面影响。由对象的不确定引起的跟踪误差只能通过反馈控制来抑制。另一类是采用两个神经网络，一个作为控制器（neural network control，NNC），一个用来辨识对象模型（neural network identification，NNI），为控制器的权值修改提供误差估计。文献［50］在基于比例压力阀的气动垂直伺服系统的轨迹跟踪控制中采用了该方法。

神经网络控制在理论和设计方法上还存在许多问题，例如，系统稳定性的分析方法，学习和控制算法的收敛性、实时性问题等，这些都限制了其在实际中的应用。

1.4.7 模糊控制

模糊控制是一种不依赖于被控对象精确数学模型的非线性控制方法，算法简单，易于实现，对于对象参数变化的适应性强，即鲁棒性好。

文献［51］在 PCM 开关阀控制的二自由度气动机械臂控制中，采用了二维模糊控制器。文献［52］在基于比例压力阀的气动位置伺服系统中，针对有杆气缸的不对称性，设计了非对称模糊控制器，并通过与 PID 控制相结合，消除了单纯模糊控制引起的期望值附近的振荡问题。但该控制器的模糊控制和 PID 控制根据偏差切换，在误差带范围以内，只有 PID 控制起作用，没有发挥模糊控制对惯性负载变化有适应性的优点。文献［53］提出了带 α 因子的模糊 PID 控制，模糊控制和 PID 控制的作用通过 α 因子来调节，α 因子取误差的线性函数。文献［54］在气动位置伺服中采用了双模糊控制解决稳态精度低的问题。

模糊控制系统存在控制精度低、控制规则依赖于经验知识、缺乏稳定性和鲁棒性理论分析方法等问题，使其在气动位置伺服系统中的应用受到限制。

1.4.8　复合控制

各种控制方法都有其特点，相互结合，取长补短，即可形成各种有效的复合控制方法。文献［54］在 PWM 开关阀式气动垂直伺服定位系统中，采用了规则结论为单值的特殊模糊控制，规则的前提和结论参数通过误差反传学习算法在线修正，为了得到误差反传学习算法中需要的系统输出对控制量的偏导，采用了神经网络在线辨识对象的数学模型。文献［55］在比例方向阀控气动伺服系统的仿真研究，采用了基于遗传算法的模糊神经网络控制与 PID 控制相结合的控制方式，即在大偏差范围内采用模糊控制，在小偏差范围转换成 PID 控制。文献［56］将 T－S 模糊模型与状态反馈控制相结合，构成本质非线性的状态反馈控制，使气动位置伺服系统能够适应负载、工作点位置的变化。文献［57］将滑模控制与鲁棒控制相结合，利用模糊控制对趋近滑模面的速度进行调节，应用于气动伺服系统。文献［58］将模糊控制理论与滑模控制方法相结合，利用模糊控制对趋近滑模面的速度进行调节，应用于气动伺服系统。

研究者应用了控制理论的研究成果对气动位置伺服系统进行控制。这些方法或从解决系统非线性问题的角度出发，或从考虑模型不准确性及运行参数摄动的角度出发，对气动伺服系统进行了有益的探索，但这些控制方法在实际中得到应用的报道较少，目前大多研究仍处于试验室研究阶段。对于气动伺服系统，还没有一种成熟的系统设计方法。

1.5 系统辨识建模在气动伺服控制中的应用概况

利用线性化数学模型，采用成熟的线性系统理论，是非线性系统设计的一种有效方法。对于气动伺服系统，应用线性系统理论，首先需要建立系统的线性化模型。

在系统的非线性数学模型基础上，采用工作点线性化法建立线性模型，是常用的一种建模方法。采用该方法，必须先建立系统的非线性数学模型。建立气动伺服系统的数学模型时，对气缸的摩擦力、阀的流量特性、气缸腔内的热力学过程、阀的模型等做不同的处理和假设，可得到不同的非线性数学模型。通常认为气缸腔内的热力学过程为绝热过程，腔内气体温度变化忽略不计，流量计算采用 Sanville 流量公式，摩擦力采用黏性摩擦＋库仑摩擦和静摩擦模型近似表示，在上述假设和处理下，所建模型能够反映系统特征[59~64]。

根据系统的非线性数学模型，采用工作点线性化法，可以得到线性化模型[65~69]。文献［67］在推导中借助了液压系统的负载压降的概念，将系统响应分解为对阀芯位移、气缸 b 腔压力和负载压降的响应，得到了一个三阶模型。然而 b 腔压力是阀芯位移的函数而不是一个独立输入，因此该模型存在缺陷。文献［68］则直接根据两腔压力微分方程的一阶偏微分，推导出比例方向阀控气缸动力机构的四阶模型。该模型虽然比较全面地反映了系统特性，但阶次较高，不利于系统的分析和综合。文献［69］通过试验分析，指出工作点小扰动线性化模型与实际系统有很大误差，只可用来分析系统的稳定性。虽然工作点小扰动线性化模型不能准确地给出实际系统的特性，但它为系统动态特性做定性分析提供了一种有效而又卓越的手段。

系统辨识是建立线性模型的另一种方法，根据系统的输入输出数据所提供的信息来直接建立系统的数学模型。文献［70］和［71］采用最小二乘参数估计法辨识得到气动伺服系统的线性模型，辨识数据通过开环获取。由于气动伺服系统为开环不稳定系统，开环数据获取过程中无法保证系统长时间运行，以获取更多数据，且系统开环传递函数随着气缸位置的不同工作点而变化，由一个模型无法准确表达不同工作点的特征。文献［72］和［73］对气动伺服系统进行辨识时，采用了闭环数据获取法，且针对气缸不同位置系统模型不同的特点，采取定位辨识法，即首先通过闭环控制使系统工作在某一位置，然后加入噪声信号，则系统在工作点位置附近运行，从而获取工作点附近的信息。改变气缸工作点便可得到不同位置的数学模型，但辨识的数据受摩擦力的影响。文献［74］则进一步采用基于"灰匣子"的系统辨识法，仅辨识压力动态过程的参数，避开了非线性摩擦力的影响，但需要预先知道一些系统参数。总之，由于气动位置伺服系统的非线性特性特别是摩擦力特性的影响，用于辨识的数据中含有较多的非线性信息，采用系统辨识法建立的线性模型与实际系统存在一定误差。

参 考 文 献

［1］ Shearer J L. Nonlinear analog study of a high pressure pneumatic servomechanism ［J］. *American Society of Mechanical Engineers*, 1957 （5）：143～148.

［2］ 杨庆俊. 高性能气压位置伺服系统控制研究［D］. 哈尔滨：哈尔滨工业大学, 2002.

［3］ 李小宁. 气动技术发展的趋势［J］. 机械制造与自动化, 2003 （2）：1～4.

［4］ 王祖温, 杨庆俊. 气压位置控制系统研究现状及展望［J］. 机械工程学报, 2003 （12）：10～16.

［5］ 蔡茂林. 现代气动技术理论与实践第八讲：气动伺服控制［J］. 液压气动与密封, 2008 （3）：60～63.

［6］ Wolfgang BACKÉ. What advantages does pneumatic have as a method of automation? ［C］// *Proceedings of the Seventh International Conference on Fluid Power Transmission and Control*. Hangzhou, China, April, 2009.

［7］ Moore P, Pu Junsheng. Pneumatic servo actuator technology: current practice and new developments ［J］. *IEE Colloquium*, 1996 （2）：311～316.

［8］ 朱春波. 基于压力比例阀的气动位置伺服系统控制策略研究［D］. 哈尔滨：哈尔滨工业大学, 2001.

［9］ 李建藩. 气压传动系统动力学［M］. 广州：华南理工大学出版社, 1991.

［10］ 王永昌, 潘先耀. 气动伺服控制系统及阀的应用形式［J］. 燕山大学学报, 2002, 26 （3）：206～208.

［11］ 柏艳红，李小宁. 比例阀控摆动气缸位置伺服系统及其控制策略研究［J］. 液压与气动，2005（2）：10～13.

［12］ Bai Yanhong, Li Xiaoning. Research on pneumatic position control system based on a newly-developed rotary actuator with a built-in brake［C］//Proceedings of the 6th JFPS International Symposium on Fluid Power, Tsukuba, November, 2005：529～533.

［13］ Van Varseveld, Robert B, Bone Gary M. Accurate position control of a pneumatic actuator using on/off solenoid valves［J］. IEEE/ASME Transactions on Mechatronics, 1997, 2（7）：195～204.

［14］ Sarmad Aziz, Bary M Bone. Automatic tuning of an accurate position controller for pneumatic actuators［C］//Proceedings of the 1998 IEEE International Conference on Intelligent Robots and Systems, 1998：1782～1788.

［15］ 李铭，彭光正. 模糊 PID 控制算法在气缸位置伺服控制中的应用［J］. 液压与气动，2004（10）：55～56.

［16］ 李宝仁，吴金波，杜经民. 高压气动位置伺服系统的控制策略研究［J］. 液压气动与密封，2002（2）：5～7.

［17］ 朱春波，包钢，程树康，王祖温. 基于比例阀的气动伺服系统神经网络控制方法的研究［J］. 中国机械工程，2001（12）：1411～1414.

［18］ 陈正洪，刘延俊，王勇. 气动比例位置系统的神经网络控制［J］. 机床与液压，2005（1）：8～10.

［19］ Wang Jihong, Pu Junsheng, Moore Philip. A practical control strategy for servo pneumatic actuator systems［J］. Control Engineering Practice, 1999, 12（7）：1483～1488.

［20］ Shu Ning, Gary M Bone. High steady-state accuracy pneumatic servo positioning system with pva/pv control and friction compensation［C］//Proceedings of the 2002 IEEE International Conference on Robotics & Automation, 2002：2824～2829.

［21］ Bai Yanhong, Li Xiaoning. PVA control based on neural network for pneumatic angular position servo system［C］//Proceedings of the 6th International Symposium on Test and Measurement, Dalian, 2005：1414～1417.

［22］ 李小虎，杜彦亭，朱仁宗，董龙雷. 基于补偿原理的 I-PD 算法对气动位置伺服系统的控制［J］. 机床与液压，2004（1）：58～60.

［23］ 柏艳红，李小宁. 摆动气缸位置伺服系统带摩擦力补偿的双环控制策略研究［J］. 南京理工大学学报，2006（2）：216～222.

［24］ Han Koo Lee, Gi Sang Choi, Gi Heung Choi. A study on tracking position control of pneumatic actuators［J］. Mechatronics, 2002（12）：813～831.

［25］ Nortitsugu T, Takaiwa M. Robust positioning control of pneumatic servo system with pressure control loop［C］//Proceedings of the IEEE International Conference on Robotics & Automation, 1995：2613～2618.

［26］ 王燕波，包钢，李军，王祖温. 气压垂直伺服定位系统的试验研究［J］. 液压与气

动, 2004 (6): 53~55.

[27] 柏艳红, 李小宁. 气动位置伺服系统状态反馈控制的改进 [J]. 机械工程学报, 2009, 45 (8): 101~105.

[28] 周洪, 路甬祥. 电－气比例/伺服控制系统的最优状态反馈控制研究 [J]. 航空学报, 1990 (10): 431~436.

[29] 杨庆俊, 王祖温, 路建萍. 基于反馈线性化的气压伺服系统非线性 H_∞ 控制 [J]. 南京理工大学学报, 2002 (1): 52~26.

[30] 王祖温, 孟宪超, 包钢. 基于 QFT 的开关阀控气动位置伺服系统鲁棒控制 [J]. 机械工程学报, 2004, 40 (7): 75~80.

[31] 李柱吉, 则次俊郎. 空气压伺服系统鲁棒极点配置控制 [J]. 信息与控制, 1993 (6): 187~192.

[32] Song Junbo, Ishida Yoshihisa. Robust tracking controller design for pneumatic servo system [J]. *International Journal of Engineering Science*, 1997, 35 (10): 905~920.

[33] Paulm Arun K, Mishra J K, Radke M G. Reduced order sliding mode control for pneumatic actuator [J]. *IEEE Transactions on Control Systems Technology*, 1994, 2 (3): 271~276.

[34] Surgenor B W, Vaughan N D. Continuous sliding mode control of a pneumatic actuator [J]. *Journal of Dynamic Systems Measurement and Control*, 1997, 119 (3): 578~581.

[35] Pandian S R, Hayakawa Y, Kanazawa Y, Kamoyama Y, Kawamura S. Practical design of sliding mode controller for pneumatic actuator [J]. *Journal of Dynamic Systems Measurement and Control*, 1997, 119 (3): 666~674.

[36] Barth Eric J, Hang Jianlong, Goldfarb Michael. Sliding mode approach to pwm controlled pneumatic systems [C] //*Proceedings of American Control Conference*, 2002: 2362~2367.

[37] Song Junbo, Ishida Yoshihisa. A robust sliding mode control for pneumatic servo systems [J]. *International Journal of Engineering Science*, 1997, 35 (8): 711~723.

[38] Shih Mingchang, Ma Mingan. Position Control of a pneumatic rodless cylinder using sliding mode m-d-pwm control the high speed solenoid valves [J]. *JSME International Journal, Series C*, 1998, 41 (2): 236~241.

[39] Laghrouche S, Smaoui M, Brun X, Plestan F. Robust Second Order Sliding Mode Controller for Electropneumatic Actuator [C] //*Proceedings of the American Control Conference*, 2004: 5090~5095.

[40] Edmond Richer, Yildirim Hurmuzlu. A high performance pneumatic force actuator system: part II -nonlinear controller cesign [J]. *Journal of Dynamic Systems Measurement and Control*, 2000, 122 (3): 426~434.

[41] Tang J, Walker G. Variable Structure control of a pneumatci actuator [J]. *Journal of Dynamic Systems Measurement and Control*, 1995, 117 (3): 88~92.

[42] Qian Pengfei, Tao Guoliang, Liu Hao. Pressure observer based servo control of an electropneumatic clutch actuator [C] //*Proceedings of the 9 th JFPS International Symposium on*

Fluid Power, Matsue, Japan, Oct. , 2014.

［43］ Kenji Araki, Akiatsu Yamamoto. Model reference adaptive control of a pneumatic servo with a constant trace algorithm ［J］. *The Journal of Fluid Control*, 1990, 20 (4): 30 ~47.

［44］ 王宣银. 气动位置伺服系统的线性二次高斯 LQG 自校正控制的研究 ［J］. 动力工程, 2001 (4): 1372 ~1375.

［45］ 李宝仁, 朱玉泉, 许耀铭. 气动位置伺服系统的自适应控制系统 ［J］. 中国机械工程, 1998 (3): 4 ~8.

［46］ Yamada Yuuji, Tanaka Kanya, Uchikado Shigeru. Adaptive pole-allocation control with multi-rate neural network for pneumatic servo system ［C］ //*IEEE Conference on Control Applications*, 2000: 190 ~195.

［47］ Li Baoren, Xu Yaoming. An adaptive variable gain control for a novel pneumatic position servo system ［C］ //*Proceedings of the IEEE International Conference on Industrial Technology*, 1994: 63 ~67.

［48］ Gross D C, Rattan K S. Pneumatic cylinder trajectory tracking control using a feedforward multilayer neural network ［C］ //*IEEE*, 1997: 777 ~783.

［49］ 陈金兵, 柴森春, 张百海, 等. 神经网络控制在气缸位置伺服控制中的应用 ［J］. 液压与气动, 2004 (5): 52 ~54.

［50］ 王宣银, 陶国良. 气动机械臂模糊控制的研究 ［J］. 液压气动与密封, 2001 (3): 5 ~6.

［51］ 薛阳, 彭光正, 贺保国, 伍清河. 气动位置伺服系统的非对称模糊 PID 控制 ［J］. 控制理论与应用, 2004, 20 (1): 129 ~133.

［52］ 薛阳, 彭光正, 范萌, 伍清河. 气动位置伺服系统的带 α 因子的非对称模糊 PID 控制 ［J］. 北京理工大学学报, 2003, 23 (1): 71 ~74.

［53］ 柏艳红, 李小宁. 变参数双模糊控制器在摆动气缸位置伺服系统中的应用 ［J］. 机床与液压, 2006 (3): 190 ~192.

［54］ Shibata S, Jindai M, Shimizu A. Neuro-fuzzy control for pneumatic servo system ［C］ // *IEEE*, 2000: 1761 ~1766.

［55］ 颜志国, 邢科礼, 温济全. 智能控制在气动比例位置系统中的应用 ［J］. 机床与液压, 2003 (4): 159 ~161.

［56］ Shih Mingchang, Lu Chingsham. Fuzzy sliding mode position control of a ball screw driven by pneumatic servomotor ［J］. *Machatronics*, 1995, 5 (4): 421 ~431.

［57］ Mao Hsiung Chiang, Lin Haoting. Development of complex hybrid 3d robot with parallel links via nonlinear pneumatic servo system for path tracking control ［C］ //*Proceedings of the 9th JFPS International Symposium on Fluid Power*, Okinawa, Japan, Oct. , 2011.

［58］ 柏艳红, 李小宁. 气动位置伺服系统的 T-S 型模糊控制研究 ［J］. 中国机械工程, 2008 (2): 21 ~22.

［59］ Edmond Richer, Yildirim Hurmuzlu. A high performance pneumatic force actuator system:

part I - nonlinear mathematical model [J]. *Journal of Dynamic Systems Measurement and Control*, 2000, 122 (3): 416~425.

[60] 王宣银. 开关阀控气缸力伺服系统的研究 [J]. 工程机械, 1997 (12): 24~26.

[61] 陶国良, 毛文杰, 王宣银. 气动伺服系统机理建模的试验研究 [J]. 液压气动与密封, 1999 (5): 26~31.

[62] Sorli M, Gastaldi L, Codina E, Heras S de las. Dynamic analysis of pneumatic actuators [J]. *Simulation Practice and Theory*, 1999 (7): 591~602.

[63] Bashir M Y Nouri, Farid Al-Bender, Jan Swevers, Paul Vauherck, Hendrik Van Brussel. Modelling a pneumatic servo positioning system with friciton [C] //*Proceedings of the American Control Conference*, 2000: 1067~1071.

[64] Wang J, Wang J D, Moore P R, Pu J. Modelling study, analysis and robust servocontrol of pneumatic cylinder actuator systems [J]. *IEE Proceedings: Control Theory and Applications*, 2001, 148 (1): 35~42.

[65] 刘延俊, 李兆文, 陈正洪. 气动比例位置系统的建模与仿真研究 [J]. 机床与液压, 2002 (4): 56~58.

[66] 王宣银. PCM气动伺服系统的建模研究 [J]. 机床与液压, 1997 (4).

[67] 吴振顺. 气压传动与控制 [M]. 哈尔滨: 哈尔滨工业大学出版社, 1995.

[68] 杨庆俊, 包钢, 聂伯勋, 王祖温. 比例方向阀控气动缸动力机构建模 [J]. 哈尔滨工业大学学报, 2001 (4): 495~498.

[69] Kawakami Y, Akao J, Kawai S. Some considerations on the dynamic characteristics of pneumatic cylinder [J]. *The Journal of Fluid Control*, 1989, 19 (2): 22~36.

[70] 李宝仁, 许耀铭, 李壮云. 气动位置伺服系统的建模与控制 [J]. 华中理工大学学报, 1996 (4): 60~62.

[71] 周洪, 路甬祥. 电-气伺服系统的辨识建模 [J]. 液压工业, 1988 (3).

[72] 王宣银, 陶国良, 陈大军, 等. 开关阀控气动伺服系统的辨识建模 [J]. 液压气动与密封, 1997 (3): 9~11.

[73] Schutle H, Hahn H. Identification with blended multi-model approach in the frequency domain: an application to a servo pneumatic actuator [C] //*IEEE/ASME international Conference on Advanced Intelligent Mechatronics*, 2001: 757~762.

[74] 柏艳红, 李小宁. 一种气动位置伺服系统的辨识建模方法 [J]. 南京理工大学学报, 2007, 31 (6): 710~714.

2 气动阀控缸动力机构数学建模

本书各章节试验都是在一个气动位置伺服系统硬件回路实时仿真研究平台上进行的，所有特性分析、系统建模、控制策略研究都以该平台的比例流量阀控摆动缸为例。本章首先介绍该气动位置伺服系统研究平台，然后以该研究平台的比例流量阀和摆动气缸为对象，分析电气比例流量阀的特性和气动执行元件的摩擦力特性，在此基础上推导比例流量阀控缸动力机构的数学模型。

2.1 气动位置伺服系统硬件在回路实时仿真研究平台

硬件在回路仿真和快速控制原型是目前国际上控制系统设计的常用方法，该技术把计算机仿真和实时控制有机结合起来，使新的控制算法能在实时硬件上方便而快捷地进行测试，还可把仿真结果直接用于实时控制，极大地提高了控制系统的设计效率。

本节介绍基于普通采集卡和计算机的气动位置伺服系统硬件在回路实时仿真研究平台。该研究平台包括硬件平台和控制策略研究软件平台两大部分，其中硬件平台是该平台的主体，控制策略研究软件平台实质上是一个用于实时控制算法研究的软件环境，主要介绍采用 Visual C++ 高级编程语言和 Matlab/RTWT 实时仿真环境的两种控制策略研究软件平台。

2.1.1 硬件平台

气动位置伺服系统研究平台中，以叶片式摆动气缸为执行元件，其硬件平台组成原理如图 2－1 所示[1]。

图 2－1 中，粗线表示气动回路，细线表示电气回路。摆动气缸垂直放置，由它带动负载转台旋转，控制阀采用两个三通比例流量阀，用旋转编码器及计数器测量角位移，用压力传感器测量两腔压力。压力传感器与计数器的输出信号经数据采集卡输入到计算机，计算机输出的控制信号经数据采集卡及功率放大器分别驱动两个比

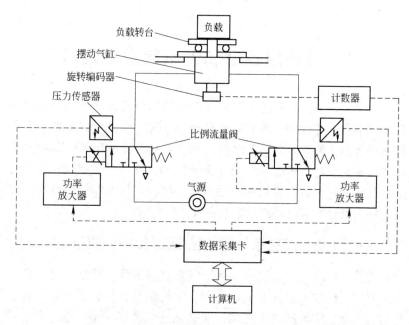

图 2-1　气动位置伺服系统硬件平台组成原理图

例流量阀,以控制摆动气缸两腔的空气流量和压力。

　　负载安装在与摆动气缸转轴相连的负载转台上,负载转台安装在圆锥滚子轴承上,这样可以使负载在摆动气缸轴上所产生的轴向力、径向力以及由径向力所产生的摩擦力矩降到最低。

　　系统采用了两个比例流量阀,如果对两个比例阀分别进行控制,则系统为双输入单输出系统,控制比较复杂。为了控制方便,采用如下控制方式:

$$u_{v1} = u_{01} + u \quad u_{v2} = u_{02} - u \qquad (2-1)$$

式中,u_{01} 和 u_{02} 分别为两个比例流量阀处于零位时的控制电压;u_{v1} 和 u_{v2} 表示两个阀的控制电压;u 为控制器输出的控制量。这样,两个比例阀由一个控制量来控制,系统为单输入单输出系统。在该控制方式下,两个比例流量阀如果其中一个阀的进气口开启,则另一个阀的排气口开启,且两者的通口截面积相等,相当于一个五通比例流量阀。

　　图 2-2 所示为气动位置伺服系统硬件平台实物照片,试验装置中主要元器件型号及其主要参数见表 2-1。

图 2 - 2 气动位置伺服系统硬件平台

表 2 - 1 主要元器件型号及其主要参数列表

元 件	型 号	主要参数
叶片式摆动气缸	CRB1BW100 - 270S	缸径 100mm，行程 270°
三通比例流量阀	VEF3121 - 2	响应时间小于 30ms， 最大有效面积 8mm^2
比例阀功率放大器	VEA250	0 ~ 5V 输入，0 ~ 1A 输出
压力传感器	PSE510	重复精度 ± 0.3% FS
旋转编码器	ZSP610	分辨率 1200P/R
倍频及计数器	自制	四倍频，16 位计数
数据采集卡	PCI - 1710	12 位 A/D，12 位 D/A

2.1.2 基于 Visual C + + 的控制策略研究软件平台

软件平台主要用于系统控制策略的研究。一方面，能够对不同的控制算法进行方便的替换，且可以实现复杂的控制策略；另一方面，能提供人机交互界面，以对控制器参数、给定信号和运行参数等进行设置，并直观显示实际运行结果。

采用 Visual C + + 开发的软件平台主要功能模块包括初始化模块、伺服控制模块、结果显示模块以及数据处理模块，其结构如图 2 - 3所示。初始化模块对控制器参数、输入信号和采样周期等伺服控制运行参数进行设置，对采集卡进行配置，并且对系统进行位置归零处理。伺服控制模块实现对摆动气缸的位置伺服控制。结果显示模块将给定和实测位置、两腔压力及压力差和控制量以曲线的形式进行显示。数据处理模块可以对上述数据进行保存等相关处理。

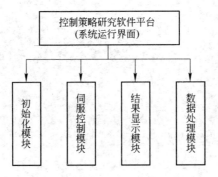

图 2 - 3　软件平台功能结构图

伺服控制模块是软件平台的核心部分，采用高性能时钟函数（Query Performance Counter）实现高精度的采样定时。其流程如图 2 - 4 所示。

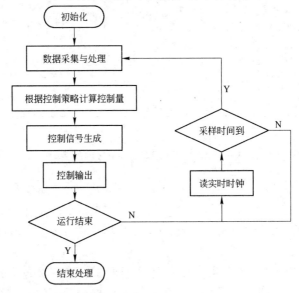

图 2 - 4　伺服控制流程图

以采用 PID 控制算法的软件平台为例，介绍系统的运行界面，如图 2 - 5 所示。在界面中，具有对控制器参数、输入信号和采样周

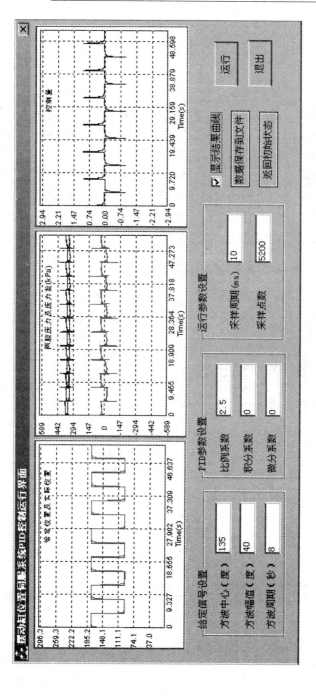

图2-5 PID控制系统运行界面

期等运行参数进行设置，启动系统运行，显示实际运行结果曲线，对数据进行保存等功能。运行摆动气缸位置伺服系统时，首先设置控制器参数和系统运行参数，然后单击"运行"按钮，系统即开始数据采集处理、控制量计算和控制信号输出的循环控制过程。运行结束后，单击"数据保存到文件"按钮，即可将运行过程的数据保存到文件中，单击"显示结果曲线"按钮，界面以曲线形式直观显示实际运行结果。

控制策略改变时，只需要对伺服控制模块中的控制算法和控制器参数进行修改和增减。除了可以对气动位置伺服系统的控制策略进行研究外，还可以对与气动系统相关的其他方向进行研究，如摩擦力特性测试、比例流量阀的特性研究等。

2.1.3　基于 RTWT 的控制策略研究软件平台

当前应用最广的快速控制原型和硬件在回路仿真系统为德国 dSPACE，其拥有实时性强、可靠性高等优点，国内的 cSPACE 系统具有与 dSPACE 系统类似的功能。采用这些专业的系统，必须配备其专用处理器板卡，价格昂贵。

Matlab/RTW（Real – Time Workshop）工具箱能够为 Simulink 模型生成不同目标硬件的可执行代码，dSPACE 和 cSPACE 均基于 RTW 环境开发。Real – Time Windows Target（RTWT）和 xPC Target 是基于 Matlab/RTW 体系框架的附加产品，是硬件在回路仿真和快速控制原型的两种 PC 机解决方案。RTWT 以同一台计算机作为主机和目标机，采用实时内核保证应用程序实时运行，xPC Target 则需要两台计算机，一台作为主机，另一台作为目标机。在 RTWT 或者 xPC Target 环境下构建快速控制原型和硬件在回路实时仿真系统，仅需要配备普通采集卡和计算机，且在大家熟悉的 Simulink 环境下编程，具有开发周期短、成本低等优势[2~4]。

xPC Target 的优点是采样速率高，系统运行稳定，数据保存量可达几百兆字节；缺点是需要两台计算机，实时仿真实现过程比 RTWT 复杂，保存数据量较大时上传到上位机的过程太慢。RTWT 的优点是仅需要一台 PC 机，实时仿真过程实现容易，数据保存量大且不占用额外时间；缺点是采样速率不能太高，稳定性较差，当数据量较大而保存在多个文件时，后期处理比较麻烦。系统采样速率要求不高时选用 RTWT，采样速率要求较高时采用 xPC Target [5]。

气动位置伺服系统的采样周期通常选取 10 ms，Matlab/RTWT 方案可以满足其要求。应用 RTWT 构建其硬件在回路实时仿真系统，是开发气动位置伺服系统控制策略研究软件平台的一个较佳方案[6]。

2.1.3.1　RTWT 环境下实时仿真的实现

RTWT 要求安装 MATLAB、Simulink、RTW、RTWT 内核以及 Microsoft Visual C/C + +。其中，RTWT 内核通过在 Matlab 命令窗口键入 rtwintgt – install 手动安装。关于实时仿真系统 RTWT 实时代码生成及运行的详细过程参考 Matlab/Help/RTWT，下面为基本步骤及常用的数据显示及存档功能的实现方法。

（1）建立 Simulink 模型。使用 Simulink 基本模块库和其他工具箱建立实时仿真系统的 Simulink 模型，若需要自编模块，采用满足 RTWT 代码格式要求的 C 语言 S 函数。

（2）设置仿真参数。通过菜单 Simulation/Configuration Parameters，打开参数设置界面，主要对求解器（Solver）、硬件实现（Hardware Implementation）、实时工作间（Real-Time Workshop）的相关参数进行设置。在 Solver 面板，设置 Type 为 Fixed-step，其余 Solver、Fixed Step Size、Simulation Time 则根据实际应用而定；在 Hardware Implementation 面板，选择 Device type 为 32-bit Real-Time Windows Target；在 Real-Time Workshop 面板，选 System target file 为 rtwin. tlc，Language 为 C。

（3）添加示波器并设置参数实现数据显示和存档。采用标准示波器可以实时显示运行数据，通过示波器显示的数据可以保存到 MAT 文件，设置方法为：1）双击示波器进入其参数设置面板，点击 Data history 打开历史数据设置窗口，选择 Save Data to Workspace；2）通过 Tools/External Mode Control Panel 进入外部模式控制面板，点击 Data Archiving 打开数据存档设置窗口，选择 Enable Archiving，输入数据保存文件的路径及文件名；点击 Signal & Triggering 打开信号与触发设置窗口，选择要保存的信号，在 Duration 中设置数据缓冲区保存的数据点数；运行过程中，数据缓冲区的数据将自动存入所设置的文件中。

（4）创建实时应用程序。打开 Tools 菜单，点击 Real-Time Workshop/Build Model，则自动生成可在 RTWT 实时内核中运行的应用程序。

（5）执行应用程序。在 Simulation 菜单中，先选择 External，然后点击 Connect to Target，建立 Simulink 与内核的连接后，点击 Start Real-Time Code，启动实时应用程序的执行。运行到设定时间或者点击 Stop Real-Time Code，停止执行应用程序。

2.1.3.2　基于 RTWT 的软件平台

在 Matlab/RTWT 环境下构建硬件在回路实时仿真软件平台，关键是在 Simulink 中创建具有采集卡模拟量输入和数字量输出模块的仿真模型，RTWT 提供了硬件平台所用的研华 PCI-1710 的板卡驱动。

在 Simulink 中搭建气动位置控制系统硬件在回路实时仿真模型，如图 2-6 所示。模拟输入模块输出两腔压力信号对应的电压值；数字量输出模块输出数字信号控制计数器复位、计数；数字量输入模块输出计数器当前值；压力转换滤波子系统对采集到的压力电压信号进行滤波并转化为实际压力信号值；角度、角速度转换滤波子系统根据计数器当前值得到摆角信号和速度信号；控制策略子系统根据摆角和压力实际值和设定值，采用一定的算法，得到比例阀控制信号，并由模拟量输出模块输出，控制执行元件的两腔压力和流量。

气动位置伺服系统 Simulink 实时仿真模型、RTWT 实时代码以及外部运行模式下的 Simulink 相结合，构成了气动位置系统硬件在回路实时仿真软件平台。该平台具有以下功能：

（1）控制系统运行。在 Simulink 外部模式下，工具条上的"连接"按钮可以控制 Simulink 模型与内核实时程序的通信，在建立连接通信后，"启动"和"停止"按钮控制系统的执行。

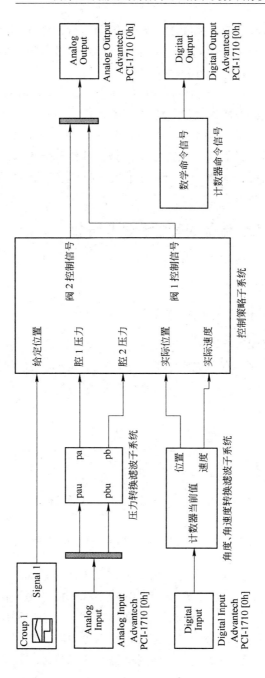

图 2-6 气动位置伺服系统实时仿真 Simulink 模型

（2）显示运行曲线和数据存档。气动执行元件的实际位置和设定位置、两腔压力、控制器产生的控制信号通过示波器可以直观显示，并且可以保存到文件备后续处理。

（3）调节参数。气动执行元件的位置设定值、控制器的参数等，可以通过相应模块的参数设置窗口修改。

（4）实现不同控制策略。控制策略在控制器子系统中实现，研究控制策略时，只需修改该子系统模型，其他部分不需要做任何修改。控制算法可以应用 Simulink 标准模块搭建实现，对于复杂算法也可采用 S 函数编程。

2.2　电气比例流量阀特性测试与分析

电气比例流量阀作为系统的控制元件，其特性十分重要，本节对其压力特性和流量特性进行测试和分析。

2.2.1　电气比例流量阀的工作原理

气动位置伺服系统研究平台中的电气比例流量阀为日本 SMC 公司的比例电磁铁型直动式比例阀 VEF3121，其结构原理如图 2 - 7 所示，由比例电磁铁和一个二位三通圆柱滑阀组成。

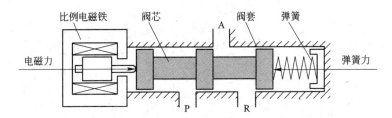

图 2 - 7　三通比例流量阀 VEF3121 结构原理图

VEF3121 的工作原理为：比例电磁铁的电磁线圈中无电流时，在弹簧力作用下，阀芯处于左端，P→A 口封闭，A→R 口全通，图 2 - 7 所示的示意图中比例流量阀即处于该状态；当电磁线圈中的电流产生的电磁力足以克服摩擦力及弹簧预紧力时，铁芯便运动并推动阀芯运动，同时弹簧压缩，直到电磁力和弹簧力相平衡时，滑阀阀芯停在某一位置不动，阀开口面积成定值；由于比例电磁铁的电磁力与输入电流大小成比例关系，因此比例阀的阀芯位移与输入电流大小成比例关系，即比例阀开口面积由输入电流大小来调节和确定，从而控制气体流量的大小[7]。

　　VEF3121 为零开口三通比例流量阀，在阀芯处于零位时，理论上 A 口应该完全封闭，但由于加工精度及倒角的存在，在零位附近阀的特性与正开口阀相似。因此，VEF3121 的阀芯与阀套相对位置可用三种状态表示，如图 2-8 所示：(a) P→A 口和 A→R 口都通；(b) P→A 口封闭，A→R 口通；(c) P→A 口通，A→R 口封闭。图 2-8 中，阀套上的圆形通口 A 的直径为 $2r$，阀芯上的台肩宽度为 $2a$，a 略小于 r。

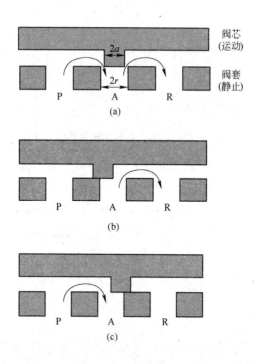

图 2-8　比例流量阀阀芯与阀套相对位置示意图
(a) P→A 口和 A→R 口都通；(b) P→A 口封闭，
A→R 口通；(c) P→A 口通，A→R 口封闭

2.2.2 电气比例流量阀的特性测试与分析

比例流量阀 VEF 的专用功率放大器 VEA250 的输入为电压信号，因此研究其特性时以放大器的输入电压信号为控制信号。

2.2.2.1 比例流量阀的压力特性

比例流量阀的压力特性，指通过比例阀控制固定容积的容器排气或充气时，容腔中气体的稳态压力与控制量的关系。

测试比例流量阀压力特性的试验原理如图 2-9 所示，比例流量阀 P 口接气源，A 口接固定容积的容器，R 口通大气。

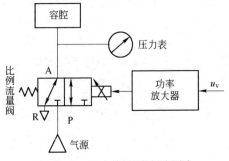

图 2-9   压力特性测试原理图

试验过程为：保持供气压力 p_s 一定，由小到大再由大到小调节控制电压 u_v，测量各控制电压 u_v 下容腔内的稳态压力。图 2-10 所示为供气压力 $p_s = 0.51\text{MPa}$（绝对压力）时测得的压力特性曲线。

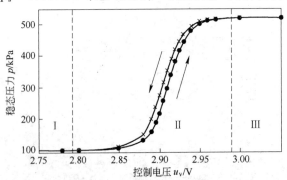

图 2-10   压力特性实测曲线

由图 2-10 可以看出，比例流量阀的压力特性具有以下特点：

（1）存在磁滞现象。这是由比例电磁铁的剩磁引起的。

（2）压力特性曲线可分为大气压力段Ⅰ、介于气源压力和大气压力之间的倾斜段Ⅱ以及气源压力段Ⅲ三段，三者分别对应于图 2-8 中的状态（b）、（a）和（c）。当 P→A 口封闭，A→R 口通时（图 2-8（b）），容腔处于排气状态，容腔内的稳态压力为大气压力，对应于压力特性曲线的大气压力段Ⅰ；当阀芯处于零位附近，P→A 口和 A→R 口都通时（图 2-8（a）），稳态压力介于气源压力和大气压力之间，其大小与进气口和排气口的有效截面积有关，对应于压力特性曲线的倾斜段Ⅱ；当 A→R 口封闭，P→A 口通时（图 2-8（c）），容腔处于充气状态，容腔内的稳态压力为气源压力，对应于压力特性曲线的气源压力段Ⅲ。

（3）压力特性的倾斜段Ⅱ是系统存在粘滑振荡现象的原因之一。

2.2.2.2 比例流量阀的流量特性

比例流量阀的流量特性是指比例流量阀的开口有效面积与控制电压的关系。

A 比例阀开口面积与控制电压的关系

图 2-11 为比例流量阀通口 A 与阀芯台肩之间的相对位置示意图[8]。x_v 表示阀芯相对于阀套的位移，图中的 O 点为坐标原点。

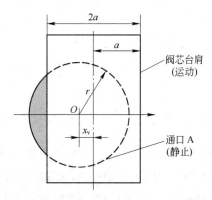

图 2-11 比例流量阀通口与阀芯台肩相对位置示意图

根据图 2-11 和图 2-8，P→A 口和 A→R 口的几何面积 A_{PA}、

A_{AR} 可表示为：

$$A_{PA} = \begin{cases} 0 & x_v \leqslant -r+a \\ 2r^2\arctan\left(\sqrt{\dfrac{r-a+x_v}{r+a-x_v}}\right) - (a-x_v)\sqrt{r^2-(a-x_v)^2} \\ \quad -r+a < x_v < r+a \\ \pi r^2 & x_v \geqslant r+a \end{cases}$$

$$(2-2)$$

$$A_{AR} = \begin{cases} \pi r^2 & x_v \leqslant -a-r \\ 2r^2\arctan\left(\sqrt{\dfrac{r-a-x_v}{r+a+x_v}}\right) - (a+x_v)\sqrt{r^2-(a+x_v)^2} \\ \quad -r-a < x_v < r-a \\ 0 & x_v \geqslant r-a \end{cases}$$

$$(2-3)$$

　　根据式（2-2）和式（2-3），可得比例流量阀的开口几何面积 A 与阀芯位移 x_v 之间的关系曲线示意图，如图 2-12 所示。

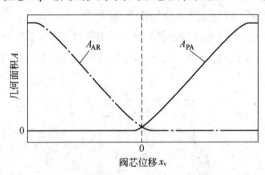

图 2-12 比例流量阀开口几何面积与阀芯位移关系曲线示意图

　　由于阀芯位移 x_v 与控制电压 u_v 为线性关系，阀开口有效面积 S 与其几何面积 A 成正比，因此，阀开口有效面积 S 与控制量 u_v 的关系曲线形状和阀开口面积 A 与阀芯位移 x_v 之间的关系曲线形状相同。

　　B　试验测试

　　比例流量阀开口有效面积无法直接测量，可通过流量间接获取。

在声速流态下，通过阀的标准状态下的体积流量公式为：

$$q_V = 0.124 S p_\mathrm{u} \sqrt{\frac{273}{T_1}} \qquad (2-4)$$

式中 S ——有效面积，mm^2；

$\quad\quad p_\mathrm{u}$ ——上游绝对压力，kPa；

$\quad\quad T_1$ ——上游温度，K；

$\quad\quad q_V$ ——体积流量，L/min。

由式（2-4）可知，使气体处于声速流动，保持上游压力和温度为恒值，则通过比例阀的流量与其开口有效面积成正比，且比例阀的开口有效面积可按下式计算：

$$S = \frac{q_V}{0.124 p_\mathrm{u}} \sqrt{\frac{T_1}{273}} \qquad (2-5)$$

比例阀流量特性试验测试原理图如图2-13所示。图2-13（a）用来测P→A口有效面积与控制量 u_v 的关系，比例阀P口接气源，A口接流量计，R口堵死；图2-13（b）用来测A→R口有效面积与控制量 u_v 的关系，比例阀A口接气源，P口堵死，R口接流量计。

测试过程为：保持供气压力恒定，由小到大再由大到小调节控制电压 u_v，测量各控制电压 u_v 下通过比例流量阀的流量。该过程重复三次，取试验结果的平均值，根据式（2-5）计算得到相应的阀开口有效面积。图2-14所示为试验测得的比例流量阀开口有效面积 S_v 与控制量 u_v 的关系曲线。可以看出，图2-14所示的测试结果与图2-12所示的理论分析结果一致。

根据图2-14所示的比例阀开口有效面积与控制电压的关系曲线，可以得出：

（1）图2-14（b）中，两条曲线的交点 O 处，进气口P→A与排气口A→R的有效面积相等，O 对应的控制电压即为比例阀零位对应的控制电压值 u_0；

（2）在零位附近，比例阀的进气口P→A与排气口A→R都通，但开口有效面积很小；

（3）比例阀的进气口P→A与排气口A→R的有效面积关于零位对称；

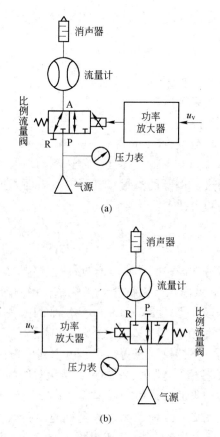

图 2 – 13　比例阀流量特性测试原理图

（a）测 P→A 口；（b）测 A→R 口

（4）比例阀的开口有效面积与控制电压之间呈非线性关系。

2.3　气动执行元件摩擦力特性测试与分析

气动执行元件的摩擦力相对驱动力较大，该非线性摩擦力是影响气动位置伺服系统性能的重要因素，本节对其特性进行研究和分析。

2.3.1　摩擦特性概述

20 世纪，人们对摩擦特性进行了广泛研究，发现了很多现象，

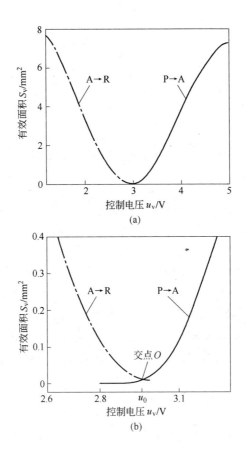

图2-14 比例流量阀开口有效面积与控制电压关系实测曲线

（a）有效面积与控制电压关系曲线；（b）比例阀零位附近局部放大图

下面列举一些，以便对摆动气缸位置伺服系统中出现的一些现象进行解释[9,10]。

2.3.1.1 Stribeck 效应

恒速运动时，摩擦力与速度的关系如图2-15所示。在速度很低时，存在摩擦力随速度的增大而下降的现象，称为 Stribeck 效应，该曲线称为 Stribeck 曲线。

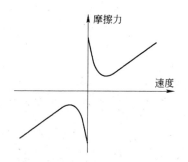

图 2 - 15　摩擦力与速度的静态关系曲线

2.3.1.2　滑前位移现象

黏滞状态下的摩擦力称为静摩擦力（stiction）。克服静摩擦力而触发运动所需要的外力称为脱离力（break-away force），此时的摩擦力即为最大静摩擦力。

由于物体接触面的粗糙度，在黏滞状态下，摩擦特性类似具有很高刚度的弹簧特性，在外力作用下，会产生微观位移，这时静摩擦力是位移的函数，而不是速度的函数，该微观位移称为滑前位移（pre-sliding displacement）。静摩擦力与滑前位移之间的关系如图 2 - 16 所示。当外力撤销时，会产生一个固定的滑动距离，如图 2 - 16 中虚线所示。

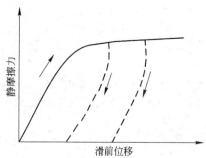

图 2 - 16　静摩擦力与滑前位移的关系曲线

图 2 - 17 所示为摩擦力与位移的关系曲线。图 2 - 17 中，黏滞区为微观位移部分，特性与图 2 - 16 一致。图 2 - 17 中的峰值即为最大静摩擦力（脱离力），出现在距离起始点非常小的位移处；进入

滑动区后，静摩擦力快速下降为动摩擦力，此后，如果运动速度不变，则摩擦力基本保持不变。

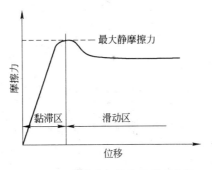

图 2-17　摩擦力与位移的关系曲线

脱离力（即最大静摩擦力）不是常数，其大小与外力变化的速率有关，外力增大越快，最大静摩擦力越小，如图 2-18 所示。

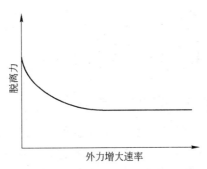

图 2-18　脱离力与外力速率的关系曲线

2.3.1.3　摩擦力滞后于速度现象

一般认为，当速度改变时摩擦力会立刻随之改变。实际上，在 Stribeck 曲线下降段，摩擦力的变化存在一定时延，如图 2-19 所示。图 2-19 中，在速度到达最小值后，经过时间为 t_d 的延时，摩擦力才达到最大值。

当速度随时间周期性变化时，摩擦力与速度的关系如图 2-20 所示。由于摩擦力滞后于速度，存在滞环现象。

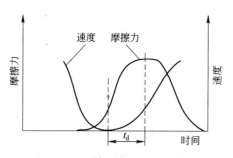

图 2 - 19 摩擦力滞后于速度曲线

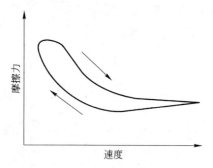

图 2 - 20 摩擦力与速度的动态关系曲线

2.3.2 气动执行元件摩擦力数学模型

要用一个统一的模型来描述所有的摩擦特征是很难的。人们结合实际情况，忽略次要因素，根据试验数据得出一些经验摩擦模型。比较典型的摩擦力模型有静摩擦、库仑摩擦和黏性摩擦的各种组合模型、指数模型、Karnopp 模型以及能够比较完整地描述摩擦力静动态现象的 LuGre 模型等[11]。

由于气体的压缩性及腔内气体热力过程的多变性，气动执行元件气缸或摆动气缸的摩擦力特性更为复杂。根据前人的研究，气缸或摆动气缸的摩擦力与供气压力、两腔压力及压力差、运行速度等有关，并且是随时间变化的[12]。

根据气动位置伺服系统研究的实际需要，从力求简单实用的观点出发，考虑到在仿真和实际控制系统中，零速度的准确检测比较困难，采用带零速度区间的静摩擦 + 库仑摩擦 + 黏性摩擦模型来描述气动执行元件的摩擦力。摆动气缸摩擦力矩模型如图 2 - 21 所示。

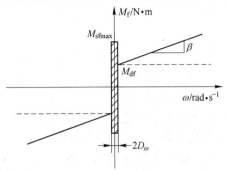

图 2 - 21 摆动气缸摩擦力矩模型

根据图 2 - 21，摆动气缸摩擦力矩可以描述为：

$$M_f = \begin{cases} M_{df}\mathrm{sign}(\omega) + \beta\omega & \omega > |D_\omega| \\ M_p & \omega \leqslant |D_\omega| \text{ 且 } |M_p| < M_{sfmax} \\ M_{sfmax}\mathrm{sign}(M_p) & \omega \leqslant |D_\omega| \text{ 且 } |M_p| \geqslant M_{sfmax} \end{cases}$$

$$(2 - 6)$$

式中　M_p——摆动气缸两腔压力产生的驱动力矩，N·m；

　　　　M_f——摩擦力矩，N·m；

　　　　M_{df}——库仑摩擦力矩，N·m；

　　M_{sfmax}——最大静摩擦力矩，N·m；

　　　　ω——角速度，rad/s；

　　　　β——黏性摩擦系数，N·m／（rad/s）；

　　　　D_ω——零速度区间边界值，rad/s。

2.3.3 气动执行元件摩擦力特性测试

摆动气缸摩擦力矩模型式（2 - 6）中，零速度区间 D_ω 需根据实际应用情况确定（即根据仿真计算精度和控制系统中角速度的测量精度来确定），库仑摩擦力矩 M_{df}、最大静摩擦力矩 M_{sfmax} 和黏性摩擦系数 β 需要通过试验测定。

2.3.3.1 测试原理与方法

摆动气缸的运动方程为:

$$J\ddot{\theta} = M_p - M_f \qquad (2-7)$$

其中

$$M_p = Z(p_1 - p_2)$$

$$Z = \frac{b(D-d)}{2} \cdot \frac{D+d}{4} = b(D^2 - d^2)/8$$

式中　　　$\ddot{\theta}$——角位移, rad;

J——负载转动惯量, kg·m²;

p_1——摆动气缸腔 1 绝对压力, Pa;

p_2——摆动气缸腔 2 绝对压力, Pa;

Z——与摆动气缸尺寸有关的常数, m³;

b——摆动气缸长度, m;

D——摆动气缸缸径, m;

d——摆动气缸轴径, m;

$b(D-d)/2$——摆动气缸叶片面积, m²;

$(D+d)/4$——摆动气缸腔室平均半径, m。

摆动气缸静止或恒速运动时, $\ddot{\theta} = 0$, 由式 (2-7) 得

$$M_f = M_p = Z(p_1 - p_2) \qquad (2-8)$$

此时, 摩擦力矩的大小即为驱动力矩的大小。同时可见, 在静止或恒速运动时, 摆动气缸的摩擦力矩与两腔压力差呈正比关系。因此, 可以通过测量两腔压力得到摩擦力矩的大小, 而不需要增加转矩测量装置。

根据式 (2-8) 和摩擦力矩模型 (2-6), 可以得出摩擦力矩模型中三个参数的测试方法。

(1) 最大静摩擦力矩 M_{sfmax} 及库仑摩擦力矩 M_{df}: 在一定的供气压力下, 控制摆动气缸运行速度, 使其低速运行 (速度大于爬行速度), 摆动气缸由静止到开始连续滑动时刻所对应的摩擦力矩即为最大静摩擦力矩 M_{sfmax}。由于运行速度很低, 黏性摩擦力矩很小, 可以忽略, 匀速运动过程所对应的摩擦力矩即为库仑摩擦力矩 M_{df}。

(2) 黏性摩擦系数 β: 在一定的供气压力下, 控制摆动气缸的

运行速度，测得不同速度下的摩擦力矩（包括库仑摩擦和黏性摩擦），对所得试验数据进行曲线拟合，得到表示摩擦力矩与速度关系的直线，直线的斜率即为黏性摩擦系数。

2.3.3.2 测试结果分析

对本书试验研究所用摆动气缸进行测试。由计算机通过数据采集卡给比例流量阀一定的控制信号，控制摆动气缸的运行速度；由压力传感器测得的摆动气缸两腔压力以及通过旋转编码器测得的摆动气缸转角位置通过采集卡输入到计算机。

图 2-22 所示为测试最大静摩擦力矩和库仑摩擦力矩的试验曲线。由角位移曲线可以看出，在连续滑动前的黏滞区存在微小的位移，这是摩擦现象中的滑前位移现象。

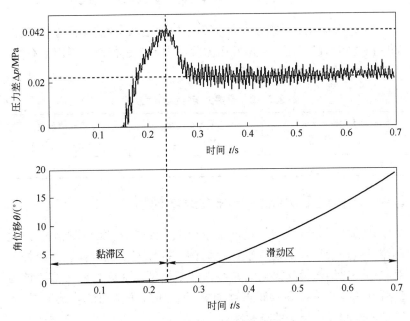

图 2-22 摆动气缸低速运行动态过程

由图 2-22 可以得出，与最大静摩擦力矩对应的压力差约为 0.042MPa，与库仑摩擦力矩对应的压力差约为 0.021MPa。摆动气缸的尺寸常数 Z 为 70×10^{-6} m³，根据式（2-8），可得最大静摩擦力矩和库仑摩擦力矩分别约为 3 N·m 和 1.5 N·m。

图 2 - 23 所示为测试摩擦力矩与转速关系的试验数据及拟合直线，拟合直线的斜率即黏性摩擦系数为 0.3 N·m／（rad/s）。

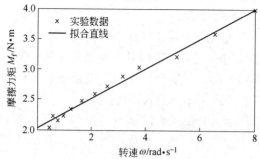

图 2 - 23   摩擦力矩与转速关系试验数据及拟合曲线

表 2 - 2 列出了试验所得摩擦力矩模型中的参数。由于摆动气缸的摩擦力矩与供气压力、两腔压力及压力差、运行速度等因素有关，表 2 - 2 中的所得数据只是近似估计值。

表 2 - 2   摩擦力矩特性测试结果

最大静摩擦力矩 M_{sfmax}/N·m	库仑摩擦力矩 M_{df}/N·m	黏性摩擦系数 β/N·m·(rad/s)$^{-1}$
3	1.5	0.3

2.4   阀控缸动力机构非线性数学模型

在前两节分析气动位置伺服系统主要元件特性的基础上，以比例流量阀控叶片式摆动气缸系统为例，推导气动位置伺服系统控制对象——比例流量阀控缸的非线性数学模型，并建立能够描述该模型所有非线性特征的 Matlab 仿真模型，通过仿真和试验结果对比，验证所建非线性模型的有效性。

2.4.1   数学模型

图 2 - 24 所示为三通比例流量阀控摆动气缸结构原理示意图。规定角位移原点在摆动气缸的左端位，顺时针旋转方向为正。用下

标"1"表示与摆动气缸腔1有关的参数,下标"2"表示与摆动气缸腔2有关的参数。

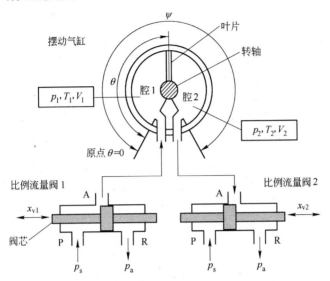

图 2-24　三通比例流量阀控摆动气缸结构原理图

为了简化系统的数学模型,做如下假设:

(1) 气体为理想气体;

(2) 气体流经阀口的流动为等熵流动;

(3) 同一容腔内气体压力和温度处处相等;

(4) 气缸的内外泄漏均可忽略不计;

(5) 在动作过程中,气缸腔室内气体与外界无热交换,腔室内气体的热力过程为绝热过程;

(6) 腔室内气体的热力过程为准平衡过程;

(7) 气源压力和温度恒定,且温度与环境温度相同。

2.4.1.1　运动方程

黏性摩擦力矩与系统的运行速度成正比,是速度的线性函数。因此,在运动方程(2-7)中,可以将其从摩擦力矩中分离出来,作为系统的一部分。分离出黏性摩擦力矩后,摩擦力矩仅包括静摩擦力矩和库仑摩擦力矩。在上述摩擦力矩的处理方式下,运动方程

（2 - 7）可写为如下形式：

$$J\ddot{\theta} = M_p - \beta\dot{\theta} - M_f \qquad (2-9)$$

其中，摩擦力矩表示为：

$$M_f = \begin{cases} M_{df}\text{sign}(\omega) & \omega > |D_\omega| \\ M_p & \omega \leqslant |D_\omega| \text{ 且 } |M_p| < M_{sfmax} \\ M_{sfmax}\text{sign}(M_p) & \omega \leqslant |D_\omega| \text{ 且 } |M_p| \geqslant M_{sfmax} \end{cases}$$

$$(2-10)$$

2.4.1.2　气缸两腔压力动态方程

首先以图 2 - 24 中摆动气缸腔室 1 为例，分析气缸腔内压力的动态过程[13]。

在假设气体为理想气体且处于准平衡状态的条件下，根据理想气体在平衡状态下的状态方程，摆动缸腔室 1 气体的压力、温度、密度这三个基本状态参数满足如下关系：

$$\frac{p_1}{\rho_1} = RT_1 \qquad (2-11)$$

将 $\rho_1 = M_1/V_1$ 代入式（2 - 11），则腔 1 气体状态方程也可表示为：

$$T_1 M_1 = \frac{p_1 V_1}{R} \qquad (2-12)$$

式中　ρ_1——腔室 1 内气体的密度，kg/m^3；

　　　p_1——腔室 1 内气体的绝对压力，Pa；

　　　T_1——腔室 1 内气体的绝对温度，K；

　　　V_1——腔室 1 内的容积，m^3；

　　　M_1——腔室 1 内气体的质量，kg；

　　　R——气体常数，N·m/（kg·K），对于干燥气体，$R = $
　　　287.1 N·m/（kg·K）。

气体与外界发生热交换时，会使气体的温度变化，1 kg 质量的气体温度变化 1 K 时与外界所交换的热量，称为气体的比热容，用符号 c 表示，其单位为 J/（kg·K）。气体的比热容与过程进行的条件有关。当过程是在容积不变的条件下进行时，其比热容称为定容比热容，以 c_v 表示；在压力不变的条件下的比热容称为定压比热容，

以 c_p 表示，且有

$$R = c_p - c_v \qquad \kappa = c_p/c_v \qquad (2-13)$$

式中　κ——空气比热比，或者绝热系数。

根据式（2-13），有

$$\frac{c_v}{R} = \frac{1}{\kappa - 1} \qquad \frac{c_p}{R} = \frac{\kappa}{\kappa - 1} \qquad (2-14)$$

气体的内能用 U 表示，单位为 J。1kg 气体的内能称为比内能，用 u 表示，单位为 J/kg。气体的热力状态一定时，其比内能也有一定的值，u 也是气体的状态参数。理想气体的内能是温度的函数，且有

$$u = c_v T \qquad (2-15)$$

式中，T 为气体的绝对温度，K。

焓用符号 H 表示，其定义为：

$$H = U + pV \qquad (2-16)$$

1kg 气体的焓称为比焓，用 h 表示，则

$$h = u + RT = (c_v + R)T = c_p T \qquad (2-17)$$

焓的单位为 J，比焓的单位为 J/kg，比焓也是气体的一个状态参数。

气缸两腔均为变质量系统，既有从气源向腔室充气，同时又有气体从腔室排出。根据热力学第一定律，摆动气缸腔室 1 的能量方程为：

$$dQ_1 + h_s dM_{s1} = dU_1 + dW_1 + h_1 dM_{o1} \qquad (2-18)$$

式中　h_s——从气源流进腔室 1kg 气体所带进的能量（即气源气体的比焓），J/kg；

h_1——从腔室 1 流出 1kg 气体所带出的能量（即腔室 1 气体的比焓），J/kg；

dM_{s1}——从气源流进腔室 1 的气体质量，kg；

dM_{o1}——同一时间从腔室 1 流出的气体质量，kg；

dU_1——腔室 1 内气体内能变量，J；

dW_1——腔室 1 内气体所做的膨胀功，J；

dQ_1——腔室 1 内气体通过器壁与外界交换的热量，J。

首先分析摆动气缸腔室 1 排气的热力过程。对于腔室 1 的绝热排气过程，与外界交换的热量 $dQ_1 = 0$，带入的气体质量 $dM_{s1} = 0$，从

腔室 1 流出的气体质量等于腔室 1 气体质量的减少，即 $\mathrm{d}M_{o1} = -\mathrm{d}M_1$，内能变化 $\mathrm{d}U_1$、容积变化功 $\mathrm{d}W_1$、带出的能量 $h_1\mathrm{d}M_{o1}$ 分别为：

$$\begin{cases} \mathrm{d}U_1 = \mathrm{d}(u_1 M_1) = c_v \mathrm{d}(T_1 M_1) \\ \mathrm{d}W_1 = p_1 \mathrm{d}V_1 \\ h_1 \mathrm{d}M_{o1} = -(c_v + R)T_1 \mathrm{d}M_1 \end{cases} \tag{2-19}$$

式中　M_1——腔室 1 内气体的质量，kg；

　　　T_1——腔室 1 内气体的绝热温度，K。

根据式（2-18），有

$$c_v \mathrm{d}(T_1 M_1) + p_1 \mathrm{d}V_1 - (c_v + R)T_1 \mathrm{d}M_1 = 0 \tag{2-20}$$

将式（2-12）代入式（2-20）的第一项，得

$$c_v \mathrm{d}\left(\frac{p_1 V_1}{R}\right) + p_1 \mathrm{d}V_1 - (c_v + R)T_1 \mathrm{d}M_1 = 0 \tag{2-21}$$

整理得

$$c_v V_1 \mathrm{d}p_1 + \left(\frac{c_v}{R} + 1\right)p_1 \mathrm{d}V_1 - R\left(\frac{c_v}{R} + 1\right)T_1 \mathrm{d}M_1 = 0 \tag{2-22}$$

将式（2-14）代入式（2-22），整理得腔室 1 绝热排气过程的能量方程为：

$$\kappa R T_1 \mathrm{d}M_1 = R V_1 \mathrm{d}p_1 + \kappa p_1 \mathrm{d}V_1 \tag{2-23}$$

再分析腔室 1 充气的热力过程。与外界交换的热量 $\mathrm{d}Q_1 = 0$，带出的气体质量 $\mathrm{d}M_{o1} = 0$，从气源流入腔室 1 的气体质量等于腔室 1 气体质量的增加，即 $\mathrm{d}M_{s1} = \mathrm{d}M_1$，内能变化 $\mathrm{d}U_1$、容积变化功 $\mathrm{d}W_1$、带出的能量 $h_1\mathrm{d}M_{o1}$ 分别为：

$$\begin{cases} \mathrm{d}U_1 = \mathrm{d}(u_1 M_1) = c_v \mathrm{d}(T_1 M_1) \\ \mathrm{d}W_1 = p_1 \mathrm{d}V_1 \\ h_s \mathrm{d}M_{s1} = c_p T_0 \mathrm{d}M_1 \end{cases} \tag{2-24}$$

式中　T_0——气源温度，K。

根据式（2-18），有

$$c_p T_0 \mathrm{d}M_1 = c_v \mathrm{d}(T_1 M_1) + p_1 \mathrm{d}V_1 \tag{2-25}$$

将式（2-12）代入式（2-25），整理得

$$c_p T_0 \mathrm{d}M_1 = c_v V_1 \mathrm{d}p_1 + \left(\frac{c_v}{R} + 1\right)p_1 \mathrm{d}V_1 \tag{2-26}$$

将式（2-14）代入式（2-26），整理得腔室 1 充气过程的能量方程为：

$$\kappa R T_0 \mathrm{d} M_1 = R V_1 \mathrm{d} p_1 + \kappa p_1 \mathrm{d} V_1 \qquad (2-27)$$

由于 T_0 和 T_1 的不同，同一腔室充气和排气过程的能量方程表达式不统一。在摆动气缸位置伺服系统中，摆动气缸的任何一腔都既有充气又有放气过程。由于描述这两种过程的腔内气体能量方程不相同，使得描述摆动气缸腔内压力的动态方程比较复杂。实际上，根据试验研究结果，气缸腔内温度的变化不大，通常在 ±15℃ 范围内[14]。为了简化模型，认为气缸腔内气体温度为常数，且与环境温度、气源温度相同，用 T_0 表示。这样，腔室 1 气体充气和排气过程的能量方程统一由式（2-27）表示。

由式（2-27）得摆动气缸腔室 1 的质量流量方程为：

$$q_{m1} = \frac{\mathrm{d} M_1}{\mathrm{d} t} = \frac{V_1}{\kappa T_0} \frac{\mathrm{d} p_1}{\mathrm{d} t} + \frac{p_1}{R T_0} \frac{\mathrm{d} V_1}{\mathrm{d} t} \qquad (2-28)$$

式中，q_{m1} 为流入或流出腔室 1 气体的质量流量，kg/s。

同理可得摆动气缸腔室 2 的质量流量方程为：

$$q_{m2} = \frac{\mathrm{d} M_2}{\mathrm{d} t} = \frac{V_2}{\kappa T_0} \frac{\mathrm{d} p_2}{\mathrm{d} t} + \frac{p_2}{R T_0} \frac{\mathrm{d} V_2}{\mathrm{d} t} \qquad (2-29)$$

式中　p_2——腔室 2 内气体的绝对压力，Pa；

V_2——腔室 2 内的容积，m^3；

M_2——腔室 2 内气体的质量，kg；

q_{m2}——流入或流出腔室 2 的气体的质量流量，kg/s。

由摆动气缸两腔质量流量方程式（2-28）式（2-29），得两腔气体的压力动态方程：

$$\begin{cases} \dfrac{\mathrm{d} p_1}{\mathrm{d} t} = \dfrac{\kappa R T_0}{V_1} q_{m1} - \dfrac{\kappa p_1}{V_1} \dfrac{\mathrm{d} V_1}{\mathrm{d} t} \\[3mm] \dfrac{\mathrm{d} p_2}{\mathrm{d} t} = \dfrac{\kappa R T_0}{V_2} q_{m2} - \dfrac{\kappa p_2}{V_2} \dfrac{\mathrm{d} V_2}{\mathrm{d} t} \end{cases} \qquad (2-30)$$

在图 2-24 所示的坐标下，两腔体积表示为：

$$\begin{cases} V_1 = V_{10} + Z\theta = Z(\theta_{10} + \theta) \\ V_2 = V_{20} + Z(\psi - \theta) = Z(\theta_{20} + \psi - \theta) \end{cases} \qquad (2-31)$$

将式（2-31）代入式（2-30），得

$$\begin{cases} \dfrac{\mathrm{d}p_1}{\mathrm{d}t} = \dfrac{\kappa R T_0}{Z(\theta_{10} + \theta)} q_{m1} - \dfrac{\kappa p_1}{\theta_{10} + \theta} \dfrac{\mathrm{d}\theta}{\mathrm{d}t} \\[3mm] \dfrac{\mathrm{d}p_2}{\mathrm{d}t} = \dfrac{\kappa R T_0}{Z(\theta_{20} + \psi - \theta)} q_{m2} + \dfrac{\kappa p_2}{\theta_{20} + \psi - \theta} \dfrac{\mathrm{d}\theta}{\mathrm{d}t} \end{cases} \quad (2-32)$$

式中　V_{10}，V_{20}——摆动气缸两腔起始容积，等于容腔死区体积与腔体至比例阀间连接管道容积之和，m^3；

θ_{10}，θ_{20}——两腔余隙角，为起始容积的等效转角，rad；

ψ——摆动气缸最大摆动角度，rad；

T_0——环境温度，K。

2.4.1.3　气缸两腔质量流量方程

在图 2-24 中，摆动气缸两腔流量由两个比例流量阀来控制，首先分析气体通过阀口的质量流量。计算气体流量时，各种阀类元件可看作与流通截面面积扩大段相间的串联的、任意形式收缩的一串喷嘴（或节流孔口）群。下面首先讨论气体通过单个收缩喷嘴或节流小孔的流动问题[15]。

气体经过喷嘴时具有音速流动和亚音速流动两种流态。设喷嘴的上游绝对压力为 p_u，且保持恒定，下游绝对压力为 p_d，令 $\sigma = p_u / p_d$，临界压力比为 $\sigma^* = 0.528$。当 $\sigma^* < \sigma \leqslant 1$ 时，通过阀口的气体流动状态为亚音速流动，通过阀口的气体质量流量不仅取决于阀口结构、开度，而且还取决于阀口的上下游压力比。当 $\sigma < \sigma^*$ 时，气体通过阀口的质量流量达到最大值，即气体以音速流动，此时下游压力的降低不会使质量流量有所增加，出现了所谓的"壅塞"现象，通过阀口的气体质量流量仅与阀口的结构、开度有关。

设喷嘴的几何面积为 A，有效面积为 $A_e = \mu A$，μ 为流量系数，上游绝对温度为 T_u。在假设气体为理想气体、喷嘴中的流动为等熵流动的条件下，得到通过喷嘴的流量 q_m 计算公式为：

$$q_m = q_m^* \omega_n(\sigma) \quad (2-33)$$

$$q_m^* = A_e p_u \sqrt{\frac{\kappa}{R T_u}} \left(\frac{2}{\kappa+1}\right)^{\frac{\kappa+1}{2(\kappa-1)}} \quad (2-34)$$

$$\omega_n(\sigma) = \begin{cases} 1 & \sigma \leq \sigma^* \\ \sqrt{\dfrac{2}{\kappa-1}\left(\dfrac{\kappa+1}{2}\right)^{\frac{\kappa+1}{\kappa-1}}}\sqrt{\sigma^{2/\kappa}-\sigma^{(\kappa+1)/\kappa}} & \sigma^* < \sigma \leq 1 \end{cases}$$

$$(2-35)$$

$$\sigma^* = \left(\dfrac{2}{\kappa+1}\right)^{\frac{\kappa}{\kappa-1}} \qquad (2-36)$$

式中 σ^*——临界压力比;

q_m^*——流经喷嘴的最大流量（壅塞流量）, kg/s;

q_m——流经喷嘴的气体质量流量, kg/s。

对于空气, $\kappa = 1.4$, 临界压力比为 $\sigma^* = 0.528$。

气体通过实际控制阀时, 当组成阀的其中任何一个喷嘴（或节流小孔）达到临界状态时, 气流就会发生壅塞, 因此, 临界比例系数 σ^* 小于 0.528, 在 0.2~0.5 之间。根据 Sanville F. E 的研究, 实际元件的 $\omega_n(\sigma)$ 函数可用 1/4 椭圆方程近似, 即

$$\varphi(\sigma) = \begin{cases} 1 & \sigma \leq \sigma^* \\ \sqrt{1-\left(\dfrac{\sigma-\sigma^*}{1-\sigma^*}\right)^2} & \sigma^* < \sigma \leq 1 \end{cases} \qquad (2-37)$$

式（2-37）表示的 $\omega_n(\sigma)$ 函数曲线如图 2-25 实线所示, 图 2-25 中画出了 σ^* 分别为 0.2, 0.3, 0.4, 0.5 时的 $\omega_n(\sigma)$ 函数曲线。

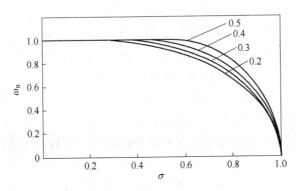

图 2-25 $\omega_n(\sigma)$ 函数曲线

综合式（2-33）~式（2-37），可以看出，通过阀口的质量流量与上下游压力、阀口有效面积、上游温度、阀的结构等有关。设上游温度保持为环境温度 T_0，阀口有效面为 S，采用 Sanville 流量公式，气体通过阀口的质量流量为：

$$q_m = S\varphi(p_u, p_d) \tag{2-38}$$

其中

$$\varphi(p_d, p_u) =$$

$$\begin{cases} \left(\dfrac{2}{\kappa+1}\right)^{\frac{\kappa+1}{2(\kappa-1)}} \sqrt{\dfrac{\kappa}{RT_0}} \; p_u & p_d/p_u \leqslant \sigma^* \\[4mm] \left(\dfrac{2}{\kappa+1}\right)^{\frac{\kappa+1}{2(\kappa-1)}} \sqrt{\dfrac{\kappa}{RT_0}} p_u \sqrt{1 - \left(\dfrac{p_d/p_u - \sigma^*}{1-\sigma^*}\right)^2} & p_d/p_u > \sigma^* \end{cases}$$

$$\tag{2-39}$$

在比例流量阀控制的气缸系统中，气缸两腔处于进气还是排气状态，由比例流量阀的开口决定。为了统一表达，充气流量用正数表示，排气流量用负数表示。对于图 2-24 所示的三通比例流量阀控摆动气缸系统，在假设气缸腔内气体温度为常数，且与环境温度、气源温度相同的条件下，采用阀口流量计算公式（2-38），根据 2.2 节比例流量阀特性分析结果，可将摆动气缸两腔的质量流量表示为：

$$\begin{cases} q_{m1} = \varphi(p_1, p_s) S_{1PA} - \varphi(p_a, p_1) S_{1AR} \\ q_{m2} = \varphi(p_2, p_s) S_{2PA} - \varphi(p_a, p_2) S_{2AR} \end{cases} \tag{2-40}$$

式中　S_{1PA}，S_{2PA}——比例流量阀进气口 P→A 的有效面积，m^2；

　　　S_{1AR}，S_{2AR}——比例流量阀排气口 A→R 的有效面积，m^2；

　　　p_s——气源供气绝对压力，Pa；

　　　p_a——大气压力，Pa。

2.4.1.4　比例流量阀模型

比例流量阀的模型包括阀开口有效面积与控制量的静态关系与动态关系。在式（2-2）表示的比例阀控制电压与控制量的关系下，由比例阀开口有效面积 S_v 与控制电压 u_v 的关系曲线（见图 2-14），可以得到两个比例阀四个通口的有效面积 S_{1PA}、S_{1AR}、S_{2PA} 及 S_{2AR} 与

控制量 u 的关系曲线，如图 2 - 26 所示。

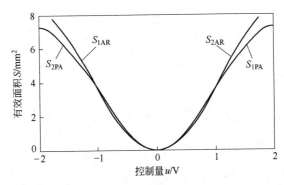

图 2 - 26　比例流量阀开口有效面积 S 与控制量 u 的关系曲线

由图 2 - 26 可以看出，比例流量阀开口有效面积与控制量为非线性关系。在控制量 $|u| < 1.13V$ 的范围内，$S_{1PA} \approx S_{2AR}$，$S_{2PA} \approx S_{1AR}$。在比例流量阀控制的摆动气缸位置伺服系统中，为了便于控制，希望在同一控制量下，两个阀的开口有效面积相等。因此，研究中使比例阀工作在 $|u| < 1.13V$ 的范围内。

比例阀开口面积与阀芯位移之间为静态关系，因此，阀开口有效面积与控制量的动态关系可由阀芯位移与控制量的动态特性表示。

通常电 - 气比例流量阀的动态特性可用一二阶振荡环节表示。气动系统的固有频率低，当比例阀的频率远大于系统固有频率时，可以将其看做比例环节。

在摆动气缸位置伺服控制试验平台中，比例流量阀 VEF 的响应时间小于 30 ms，其频宽（约 33 rad/s）远大于系统的工作频宽（约 10 rad/s）。因此，在系统特性分析和控制策略研究时，将其看作一个放大环节；而在仿真研究时，为了更准确地反映系统特性，用时间常数为 0.03s 的惯性环节近似表示其动态特性。

2.4.1.5　系统数学描述

式（2 - 9）、式（2 - 10）、式（2 - 33）、式（2 - 39）和式（2 - 40）描述了比例流量阀控摆动气缸动力机构的动态特性，以 θ、$\dot{\theta}$、p_1、p_2 为状态变量，可得到如下状态方程描述：

$$
\begin{cases}
\ddot{\theta} = \left[Z(p_1 - p_2) - \beta\dot{\theta} - M_f \right]/J \\[2mm]
\dot{p}_1 = \dfrac{\kappa R T_0}{Z(\theta_{10} + \theta)} \left[S_{1PA}(u)\varphi(p_1, p_s) - S_{1AR}(u)\varphi(p_a, p_1) \right] - \\[4mm]
\qquad \dfrac{\kappa p_1}{\theta_{10} + \theta}\dot{\theta} \\[4mm]
\dot{p}_2 = \dfrac{\kappa R T_0}{Z(\theta_{20} + \psi - \theta)} \left[S_{2PA}(u)\varphi(p_2, p_s) - S_{2AR}(u)\varphi(p_a, p_2) \right] + \\[4mm]
\qquad \dfrac{\kappa p_2}{\theta_{20} + \psi - \theta}\dot{\theta}
\end{cases}
$$

$$(2-41)$$

由式（2-41）可知，由于摩擦力矩的非线性、比例流量阀有效截面与控制量的非线性关系、流量计算公式的非线性、空气的压缩性等因素的影响，比例流量阀控摆动气缸系统是一个强非线性系统。

2.4.2　基于 Matlab 的仿真模型建立

在 Matlab 中，可以用 S 函数直接根据气动系统非线性数学模型表达式建立系统模型。本节根据状态方程式（2-41）描述的数学模型，在 Matlab/Simulink 环境下建立气动阀控缸机构的仿真模型[15]。

2.4.2.1　建立仿真模型的关键技术

式（2-41）描述的数学模型揭示了阀控摆动气缸的主要特性，但没有给出比例阀的开口有效面积和控制量的非线性关系的数学描述，也没有给出摆动气缸两端位受机械挡块限制的运动过程的表达。为了准确反映系统特征，仿真模型中必须考虑这些非线性，因此，准确描述这些非线性特性，是建立系统仿真模型的关键技术。

A　比例流量阀的静态非线性特性描述

在 2.2 节电气比例流量阀特性测试与分析中，得到比例流量阀开口有效面积与控制信号之间的关系曲线（图 2-12 和图 2-14），其形状近似为 S 形，市场上其他电气比例流量阀的特性也是如此，如 Festo 公司的 MYPE 型。对于比例阀的这种静态特性，在已知特性曲线的情况下，采用分段线性拟合可获得比较准确的数学描述，但表达复杂。Sigmoid 函数的曲线形状也为 S 形，用它拟合比例阀的特性曲线，可以充分反映比例阀的非线性特性，而且表达简便，还能够对不知道比例阀准确特性的情况进行仿真。

Sigmoid 函数的一般形式为：

$$f(x) = \frac{b}{1 + e^{-a(x-c)}} \tag{2-42}$$

通过调节 a、b、c 三个参数，即可拟合不同的比例阀特性。

对于图 2-14（a）所示比例阀的特性曲线，各开口有效面积的 Sigmoid 函数表达式为：

$$S_{1PA} = S_{2AR} = 8/\ (1 + \exp\ (-6.8^*u + 4.5))$$

$$S_{1AR} = S_{2PA} = 8/\ (1 + \exp\ (6.8^*u + 4.5))$$

由于 Sigmoid 函数值很小时，是逐渐趋于零，但不为零，而实际比例阀开口面积在零位附近很快为零（如图 2-14（b）所示），因此，为了更准确地反映实际特征，做如下处理：

if $S_{1PA} < 0.001$ than $S_{1PA} = 0$

if $S_{1AR} < 0.001$ than $S_{1AR} = 0$

if $S_{2PA} < 0.001$ than $S_{2PA} = 0$

if $S_{2AR} < 0.001$ than $S_{2AR} = 0$

B 摆动缸端位受限运动的描述

由于受机械挡块的限制作用，摆动缸在端位的运动过程非常复杂，难以用数学方程准确描述。摆动缸位置伺服控制过程中，除了初始状态，一般不会达到端位位置，而且主要研究其他位置的动态性能，因此，对端位运动过程的仿真可以简化。在仿真模型中做如下处理：认为在端位的动态运动过程瞬时完成，即到位即停止运动，直到驱动力大于摩擦力，满足启动条件再反向启动。

摆动缸叶片轴在端位的动态过程采用如下描述：

（1）如果摆动缸叶片轴达到图 2-24 中的左端位，即坐标原点，则停止运动，转速为零；在坐标原点，当作用在叶片上的驱动力大于最大静摩擦力时，摆动缸受到外力的作用，正向启动，否则，摆

动缸受到的外力合力为零，静止不动。即

if $\theta < 0$ then $\theta = 0$, $\mathrm{d}\theta/\mathrm{d}t = 0$

if $\theta = = 0$

　　{ if $M_\mathrm{p} > = M_\mathrm{sf}$

　　　　$\mathrm{d}^2\theta/\mathrm{d}t^2 = (M_\mathrm{p} - M_\mathrm{sf}) /\mathrm{J}$

　　else

　　　　$\mathrm{d}^2\theta/\mathrm{d}t^2 = 0$ }

（2）如果摆动缸叶片轴达到右端位，即 $\theta = \psi$，则停止运动，转速为零；在右端位，只有当作用在叶片上的驱动力大于最大静摩擦力时，摆动缸受到外力的作用，才会反向启动。即

if $\theta > \psi$ then $\theta = \psi$, $\mathrm{d}\theta/\mathrm{d}t = 0$

if $\theta = = \psi$

　　{ if $M_\mathrm{p} < = -M_\mathrm{sf}$

　　　　$\mathrm{d}^2\theta/\mathrm{d}t^2 = (M_\mathrm{p} + M_\mathrm{sf}) /J$

　　else

　　　　$\mathrm{d}^2\theta/\mathrm{d}t^2 = 0$ }

2.4.2.2　仿真模型的建立

在 Matlab/Simulink 环境下建立阀控缸机构的仿真模型。为了使用时简单方便，用一个 Simulink 子模块表示比例阀控摆动缸对象。该模块的建立过程如下所述。

首先，用一个 m 文件 S 函数表示阀控摆动缸系统的动态过程。比例阀控摆动缸 S 函数主要包括 mdlInitializeSizes，mdlDerivatives 和 mdlOutputs 三个子函数。mdlInitializeSizes 用于模块初始化，在该子函数中定义：输入变量为控制量 u，四个状态变量为角位移、角速度以及两腔压力，输出为四个状态变量，输入参数包括四个状态变量初值和九个对象参数两部分，对象参数有 $\sigma^*, \theta_{10}, \theta_{20}, p_\mathrm{s}, Z, J, M_\mathrm{sfmax}$，$M_\mathrm{df}$ 和 β。mdlDerivatives 用于表示状态方程，比例阀控摆动缸的非线性状态方程模型在该子函数中表示。mdlOutputs 用于模块的输出。关于 M 文件 S 函数请参阅 Simulink 相关资料，这里不再赘述。

然后，在 Simulink 中，用 S - Function 模块调用所建 S 函数，并将该模块封装。封装时，将 S 函数的所有输入参数定义为模块参数，这

样，模型中的所有参数可以很方便地通过模块参数设置对话框来设置。

将所建比例流量阀控摆动气缸模块与 Simulink 中的其他标准模块相结合，即可方便地构建各种仿真系统。例如，图 2 - 27 所示为采用 PID 控制的闭环仿真系统。

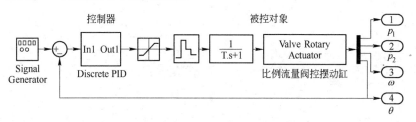

图 2 - 27 采用 PID 控制的闭环仿真系统

2.4.3 数学模型有效性验证

以气动位置伺服控制系统研究平台所用比例阀控摆动缸为例，利用所建仿真模型进行开环和闭环控制仿真研究，将仿真结果与试验结果进行对比，验证比例流量阀控摆动气缸系统的数学模型式 (2 - 41) 的有效性。

按照 2.1 ~ 2.3 节给出和测得的研究平台中比例流量阀和摆动缸参数，设置仿真模型参数: $\sigma^* = 0.528, b = 60$ mm, $D = 100$ mm, $d = 25$ mm, $Z = 70 \times 10^{-6}$ m^3, $M_{sfmax} = 3.0$ N · m, $M_{df} = 1.5$ N · m, $\beta = 0.3$ N · m/ (rad · s^{-1}), $\theta_{10} = \theta_{20} = 0.175$ rad, $\psi = 4.712$ rad, $p_a = 1 \times 10^5$ Pa, $D_\omega = 0.00001$ rad/s, $R = 287.1$ N · m/ (kg · K), $T_0 = 293$ K, $\kappa = 1.4$。其他参数视具体工作条件而定。

图 2 - 28 所示为开环控制仿真结果和试验结果对比情况。试验条件为: 供气压力 $p_s = 0.51$MPa，负载转动惯量 $J = 112.78$ kg · cm^2，控制量 $u = 0.4$V。

图 2 - 29 和图 2 - 30 所示分别为跟踪正弦波信号和阶跃信号的闭环控制仿真结果与试验结果对比情况。试验条件为: 供气压力 $p_s = 0.51$ MPa，负载转动惯量 $J = 27.7$ kg · cm^2，比例控制器的比例系数为 1V/rad。本书的研究中，采样周期统一取 $T_s = 10$ ms，后文将不

再赘述。

由图 2-28~图 2-30 可以看出，仿真曲线和试验曲线基本一致，充分证明了所建模型的有效性。该模型能够反映实际系统的特征，可以用来分析系统特性，研究控制策略。

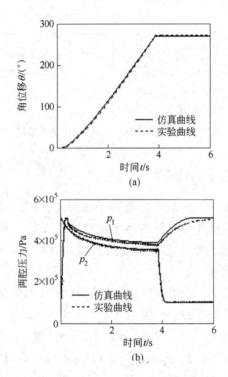

图 2-28 开环控制仿真和试验结果对比

(a) 角位移动态过程；(b) 两腔压力动态过程

所建阀控缸系统的数学模型便于系统特性的理论分析，也是理论推导建立工作点线性化模型的基础，可用于系统特性分析和控制策略的仿真研究。

另外，AMESim 软件可以方便地建立气压、液压传动系统的非线性模型，但当研究气动伺服或者电液伺服系统控制策略时，需要与 Matlab/Simulink 进行联合仿真，在 Simulink 中实现复杂的控制策略，但联合仿真时仿真时间较长[16,17]。

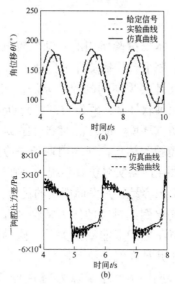

图 2-29 跟踪正弦波闭环控制仿真和试验结果对比

（a）角位移动态过程；（b）两腔压力差动态过程

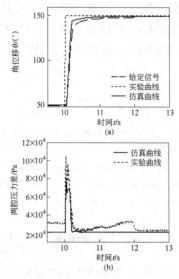

图 2-30 闭环控制阶跃响应仿真和试验结果对比

（a）角位移动态过程；（b）两腔压力差动态过程

2.5 本章小结

本章首先介绍了本书试验所用的气动位置伺服控制硬件在回路实时仿真研究平台，该平台包括硬件平台和控制策略研究软件平台。利用该平台可以方便地实现不同的控制算法，进行控制策略及系统特性研究。介绍了两种软件平台开发方式：Visual C++ 高级语言和 Matlab/RTWT 实时仿真环境。前者需要熟练掌握 Visual C++ 语言，并具有一定的编程经验和技巧，开发周期长。应用 Matlab/RTWT 实时仿真环境构建硬件在回路实时仿真系统，是在大家熟悉的 Simulink 环境下编程，具有实现容易、开发周期短的优势。

测试分析了电气比例流量阀的压力特性和流量特性，得出阀开口有效面积与控制电压之间成非线性关系，阀的压力特性具有"三段式"特点。介绍了几种在气动位置伺服系统中会出现的摩擦现象，给出了一种描述气动执行元件摩擦力特性的简单实用的摩擦模型——带零速度区间的静摩擦 + 库仑摩擦 + 黏性摩擦模型。

在一定的假设条件下，依据热力学第一定律，建立了阀控缸动力机构的非线性模型。该模型由两腔压力动态方程、运动方程、阀口流量公式、阀口面积与控制量的关系式、摩擦力模型等组成。基于该数学描述建立了其 Matlab 仿真模型，通过仿真和试验结果对比，验证了所建非线性模型的有效性。

参 考 文 献

[1] 柏艳红，李小宁. 摆动气缸位置伺服系统带摩擦力补偿的双环控制策略研究 [J]. 南京理工大学学报, 2006 (2): 216~222.

[2] Nguyen-Vu Truong, Duc-Lung Vu. Hardware-in-the-Loop approach to the development and validation of precision induction motor servo drive using xPC Target [C] // *9th International Joint Conference on Computer Science and Software Engineering*, Bangkok, Thailand, 2012: 159~163.

[3] 耿东光. MATLAB 环境下锅炉控制系统实时控制的设计与研究 [D]. 太原：太原科技大学, 2012.

[4] 刘聪. 锅炉快速控制原型开发及 PID 参数自整定方法研究 [D]. 太原：太原科技大学, 2014.

[5] Bai Yanhong, Liu Cong. Research on performance of two real-time simulation environments:

RTWT and xPC Target ［C］// *4th International Conference on Advances in Materials and Manufacturing*, *Kunming, China, Dec.* 18~19, 2013: 1257~1261.

［6］柏艳红, 赵志娟, 孙志毅, 李虹. 基于 RTWT 的锅炉硬件在回路仿真系统开发 ［J］. 系统仿真学报, 2013, 25 (2): 340~345.

［7］徐元昌. 流体传动与控制 ［M］. 上海: 同济大学出版社, 1998.

［8］柏艳红, 李小宁. 比例阀控摆动气缸位置伺服系统及其控制策略研究 ［J］. 液压与气动, 2005 (2): 10~13.

［9］Olsson H, Åström K J, Canudas de Wit C, Gäfvert M, Lischinsky P. Friction Models and Friction Compensation, 1997.

［10］Brain Armstrong-Hélouvry, Pierre Dupont, Carlos Csnudas de wit. A survey of models, analysis tools and compensation methods for the control of machines with friciton ［J］. *Automatic*, 1994, 30 (7): 1093~1138.

［11］Haessig D A, Friedland B. On the modeling and simulation of friction ［J］. *Journal of Dynamic Systems, Measurement and Control*, *Transactions of the ASME*, 1991, 113 (3): 354~362.

［12］Belforte G, Alfio N D, Raparelli T. Experimental analysis of friction forces in pneumatic cylinders ［J］. *The Journal of Fluid Control*, 1990, 20 (1): 42~60.

［13］李建藩. 气压传动系统动力学 ［M］. 广州: 华南理工大学出版社, 1991.

［14］杨庆俊. 高性能气压位置伺服系统控制研究 ［D］ 哈尔滨: 哈尔滨工业大学, 2002.

［15］柏艳红, 李小宁. 气动位置伺服系统仿真模型的建立 ［J］. 机床与液压, 2008 (7): 87~89.

［16］邢科礼, 冯玉, 金侠杰, 等. 基于 AMESim/Matlab 的电液伺服控制系统的仿真研究 ［J］. 机床与液压, 2004 (10): 57~58.

［17］Bai Yanhong, Quan Long. A new method to improve dynamic stiffness of electro-hydraulic servo systems ［J］. *Chinese Journal of Mechanical Engineering*, 2013, 26 (5): 997~1005.

3 气动位置伺服控制系统特性分析

由于空气的压缩性、阀的非线性特性、摩擦力非线性等因素的影响，电气比例流量阀控气动位置伺服系统呈现出一些特殊的性质和现象。PID 控制是在实际控制中应用最广泛的经典控制方法，本章通过 PID 控制试验得出气动位置伺服控制存在的一些典型非线性特性，对其特有的"粘滑振荡"、"位移波动"等现象进行分析。

气动比例阀控缸系统是一个非线性系统，根据系统局部线性化数学模型，采用成熟的线性系统理论，是对其进行系统特性分析的另一种常用方法。本章采用工作点线性化理论推导法和基于 AMESim 线性工具的仿真分析法建立气动阀控缸动力机构局部线性化模型，并基于两种方法建立的不同模型分析系统特性。

3.1 系统特性试验研究

本节通过大量的 PID 控制试验研究气动位置伺服控制的特性[1]。

3.1.1 数字 PID 控制算法

在摆动气缸位置伺服控制试验台中，采用的数字 PID 控制算法表达式为：

$$u(k) = K_P e(k) + K_I \sum_{j=0}^{k} e(j) + K_D [e(k) - e(k-1)] \quad (3-1)$$

式中 e——误差，为给定值与实际值之差，rad；

K_P——比例系数，V/rad；

K_I——积分系数，V/rad；

K_D——微分系数，V/rad。

当 $K_I = 0$、$K_D = 0$ 时，称为比例控制（P 控制），表示为：

$$u(k) = K_P e(k) \quad (3-2)$$

当 $K_I = 0$ 时，称为比例微分控制（PD 控制），表示为：

$$u(k) = K_P e(k) + K_D [e(k) - e(k-1)] \quad (3-3)$$

当 $K_D = 0$ 时，称为比例积分控制（PI 控制），表示为：

$$u(k) = K_P e(k) + K_I \sum_{j=0}^{k} e(j) \qquad (3-4)$$

比例系数 K_P 加大将会减小稳态误差，提高系统的动态响应速度，但过大的比例系数会使系统有较大的超调，并产生振荡，系统稳定性变差；积分作用能消除稳态误差，提高系统的控制精度，但对系统的稳定性有影响，K_I 增大会使系统稳定性变差，K_I 减小有利于减小超调，减小振荡，使系统更加稳定，但系统静差的消除将随之减慢；微分作用可以改善系统的动态特性，增大 K_D 亦有利于加快系统响应，使超调量减小，稳定性增加，但系统对扰动的抑制能力减弱[2]。

3.1.2　工作参数对系统特性的影响

采用 PID 控制，通过试验研究工作参数对比例流量阀控摆动气缸位置伺服系统特性的影响，包括气源压力、负载、两腔初始压力以及工作点位置等。控制器参数为 $K_P = 1.3$，$K_I = K_D = 0$。未特别注明时，试验条件为：供气压力 $p_s = 0.41\text{MPa}$，负载转动惯量 $J = 112.78 \text{ kg} \cdot \text{cm}^2$。图 3-1 ~ 图 3-4 所示为试验结果曲线，虚线表示给定信号，实线表示实际响应曲线。

根据试验结果，可以得出以下几点结论：

（1）在不同工作点位置，系统特性不同。图 3-1 中的（a）~（c）为方波信号幅值相同（30°），而中心位置不同的试验结果。由图 3-1 可以看出，期望位置不同时，系统动态特性相差较大。这是由于在不同位置，摆动气缸两腔容积大小不同，使得压力动态过程不同的缘故。因此，控制器设计时，必须考虑不同位置系统特性的差异；而对系统控制性能进行验证时，必须测试系统在整个行程范围内不同位置的控制效果。

（2）负载大小对系统特性有较大影响。由图 3-2 可以看出，负载越大，超调量越大，系统阻尼比越小。

（3）气源压力波动对系统特性影响不大。图 3-3 中，供气压力在 ±0.1MPa 的波动下，试验曲线基本重合。

（4）摆动气缸两腔初始压力对系统特性有较大影响。由图 3-4

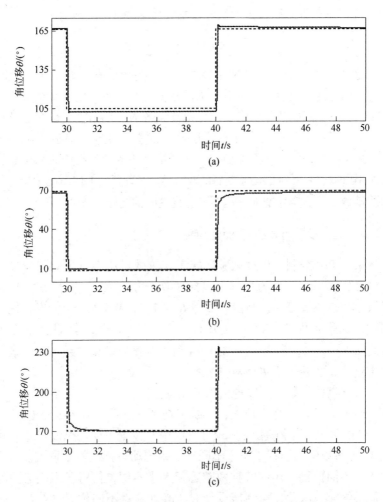

图 3 – 1　不同中心相同幅值方波信号作用下的响应曲线
（a）方波中心 135°；（b）方波中心 40°；（c）方波中心 200°

可见，摆动气缸两腔初始压力均为大气压时，系统易产生超调；当两腔具有一定初始压力时，系统超调量减小。实际系统工作过程是点点定位或多点定位动作的多次循环，而系统循环工作过程中，每次动作时两腔初始压力并不等于大气压力。如果采用常用的阶跃信号研究系统，由于两腔初始压力无法准确反映实际值，因而不能完

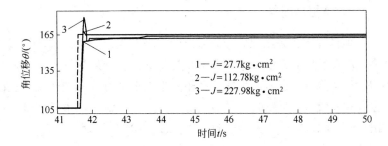

图 3 - 2 不同负载下的响应曲线比较

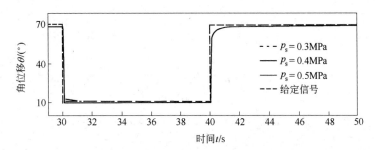

图 3 - 3 不同供气压力下的响应曲线比较

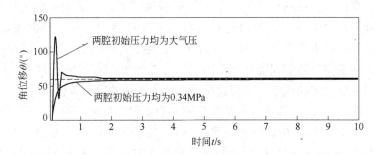

图 3 - 4 两腔初始压力不同时的响应曲线比较

全反映系统实际运行时的特性。因此，在系统特性分析和控制策略研究时，采用周期性的方波信号或阶梯信号作为给定信号。同时，在系统运行时，为避免开始运行时产生较大的超调，应使摆动气缸两腔具有一定的初始压力。

3.1.3 粘滑振荡现象

　　一般情况下，采用积分控制可以消除稳态误差。在比例流量阀控摆动气缸位置伺服系统中，采用 PID 控制的试验结果如图 3 – 5 所示，不但没有消除稳态误差，反而在期望值附近发生持续的振荡现象。这种振荡频率较低，呈一时"粘滞"一时"滑动"的运动形式，是一种粘滑振荡。粘滑振荡现象产生的具体原因下节将做详细分析。

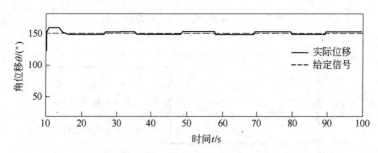

图 3 – 5　PID 控制下的响应曲线（$K_P = 0.8, K_I = 0.005, K_D = 0$）

3.1.4 位移波动现象

　　在比例流量阀控摆动气缸位置伺服系统中，当采用比例或比例微分控制，且系统运行时间较长时，可以观察到：从位移曲线看，系统似乎进入稳态后，隔一段时间会产生一个微小（最小分辨率）的位移跳变，跳变间隔时间不固定，可能较长，有时长达 10s 以上，称之为位移波动现象。该现象严重影响了系统的定位精度。

　　图 3 – 6 所示为位移波动现象的一个实例。试验条件为：供气压力为 0.41 MPa，初始位置为 50°，设定位置为 260°，负载转动惯量为 112.78 kg·cm²，两腔初始压力约为 0.31 MPa，控制器比例系数为 1.3 V/rad，系统运行时间为 100 s。由图 3 – 6（a）所示的位移曲线来看，系统似乎很快进入了稳态，但从图 3 – 6（b）所示的位移放大曲线来看，在期望值附近存在位移波动现象，而且不是随机的上下波动，在 20s 后，位移向一个方向波动，使得系统的稳态误差越来越大。

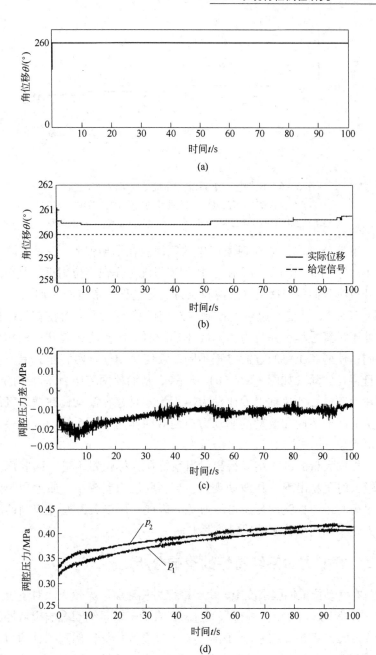

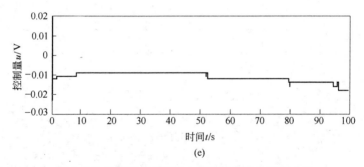

图 3 - 6   比例控制下系统内部状态变量的动态过程

(a) 角位移动态过程;(b) 位移曲线期望值附近局部放大;

(c) 两腔压力差动态过程;(d) 两腔压力动态过程;(e) 控制量

下面分析位移波动现象产生的原因。在期望值附近,控制量 u 很小(如图 3 - 6(e)所示),比例流量阀工作在零位附近,其较小的开口有效面积使摆动气缸两腔压力变化过程非常缓慢(如图 3 - 6(d)所示),不能迅速达到控制量对应的稳态压力,而在较长时间内处于过渡过程;并且由于两腔体积、两个比例流量阀开口面积的不同,使两腔压力的过渡过程不同,致使摆动气缸两腔压力差不为零且存在波动(如图 3 - 6(c)所示),从而使两腔压力差产生的作用在摆动气缸叶片轴上的驱动力矩不为零且存在波动;在摆动气缸复杂的摩擦特性和波动的驱动力矩的共同作用下,系统产生了位移波动现象。

根据大量的试验结果得出:当系统在目标位置附近,两腔压力差较大时,易出现位移波动现象;当两腔压力差较小,或近似与外力平衡时,位移波动现象可以避免。因此,可以考虑通过控制两腔压力差来抑制位移波动现象的发生。

3.2 摩擦力对系统特性的影响分析

在气动位置伺服系统中,由于摩擦力相对驱动力较大,对系统特性具有较大影响,对其进行深入分析,有助于对系统动态响应特性的一些现象的理解和控制策略的制定。本节首先推导比例阀控缸动力机构的局部工作点线性化模型,在此基础上分析摩擦力对气动位置伺服控制系统稳态特性的影响；通过仿真和试验研究摩擦力对系统动态特性的影响，根据试验曲线详细分析粘滑振荡现象产生的机理[1,3]。

3.2.1 比例阀控缸动力机构线性化数学模型

为了分析系统的稳态特性，需要系统的线性化模型，工作点线性化是常用的非线性系统线性化方法。下面以比例流量阀控制摆动气缸为例，介绍工作点线性化模型的推导过程。

设平衡工作点为：$\theta = \theta_0, \dot{\theta} = 0, p_1 = p_2 = p_0, u = 0$。由比例流量阀的压力特性可知，$p_0$ 介于大气压力 p_a 与气源供气压力 p_s 之间。

在对系统模型线性化之前，先分析系统在工作点的一些特征参数值。由比例流量阀开口有效截面与控制量 u 的关系曲线图 2 – 26 可知，在平衡工作点，有

$$\begin{cases} S_{1PA} = S_{1AR} = S_{2PA} = S_{2AR} = S_0 \neq 0 \\ \dfrac{\mathrm{d}S_{1PA}}{\mathrm{d}u} = -\dfrac{\mathrm{d}S_{1AR}}{\mathrm{d}u} = -\dfrac{\mathrm{d}S_{2PA}}{\mathrm{d}u} = \dfrac{\mathrm{d}S_{2AR}}{\mathrm{d}u} = S_{d0} \neq 0 \end{cases} \quad (3-5)$$

且在稳态工作点，摆动气缸两腔流量为零，即

$$\begin{cases} \varphi(p_1, p_s)S_{1PA} - \varphi(p_a, p_1)S_{1AR} = 0 \\ \varphi(p_2, p_s)S_{2PA} - \varphi(p_a, p_2)S_{2AR} = 0 \end{cases} \quad (3-6)$$

式中，S_0，S_{d0} 为常数。

由式（3 – 5）和式（3 – 6）可得：

$$\varphi(p_0, p_s) = \varphi(p_a, p_0) \neq 0 \quad (3-7)$$

由式（2 – 41）可知，压力微分方程可表示为：

$$\begin{cases} \dfrac{\mathrm{d}p_1}{\mathrm{d}t} = f_1(\theta, \dot{\theta}, p_1, u) \\ \dfrac{\mathrm{d}p_2}{\mathrm{d}t} = f_2(\theta, \dot{\theta}, p_2, u) \end{cases} \quad (3-8)$$

将式（3 – 8）在平衡工作点附近线性化，并以平衡工作点为原点，得

$$\begin{cases} \dfrac{\mathrm{d}p_1}{\mathrm{d}t} = k_{\theta 1}\theta + k_{\omega 1}\dot{\theta} - k_{p1}p_1 + k_{u1}u \\ \dfrac{\mathrm{d}p_2}{\mathrm{d}t} = k_{\theta 2}\theta + k_{\omega 2}\dot{\theta} - k_{p2}p_2 + k_{u2}u \end{cases} \quad (3-9)$$

式中

$$k_{\theta 1} = \frac{\partial f_1}{\partial \theta}\bigg|_0 = 0$$

$$k_{\omega 1} = \frac{\partial f_1}{\partial \dot{\theta}}\bigg|_0 = -\frac{\kappa p_0}{\theta_{10} + \theta_0}$$

$$k_{p1} = -\frac{\partial f_1}{\partial p_1}\bigg|_0 = -\frac{\kappa R T_0 S_0}{Z(\theta_{10} + \theta_0)}\left[\frac{\mathrm{d}\varphi(p_1, p_s)}{\mathrm{d}p_1} - \frac{\mathrm{d}\varphi(p_a, p_1)}{\mathrm{d}p_1}\right]\bigg|_0$$

$$= \frac{g_1}{(\theta_{10} + \theta_0)}$$

$$k_{u1} = \frac{\partial f_1}{\partial u}\bigg|_0 = \frac{2\kappa R T_0 S_{d0}}{Z(\theta_{10} + \theta_0)}\varphi(p_0, p_s) = \frac{g_2}{(\theta_{10} + \theta_0)}$$

$$k_{\theta 2} = \frac{\partial f_2}{\partial \theta}\bigg|_0 = 0$$

$$k_{\omega 2} = \frac{\partial f_2}{\partial \dot{\theta}}\bigg|_0 = \frac{\kappa p_0}{\theta_{20} + \psi - \theta_0}$$

$$k_{p2} = -\frac{\partial f_2}{\partial p_2}\bigg|_0 = -\frac{\kappa R T_0 S_0}{Z(\theta_{20} + \psi - \theta_0)}\left[\frac{\mathrm{d}\varphi(p_2, p_s)}{\mathrm{d}p_2} - \frac{\mathrm{d}\varphi(p_a, p_2)}{\mathrm{d}p_2}\right]\bigg|_0$$

$$= \frac{g_1}{(\theta_{20} + \psi - \theta_0)}$$

$$k_{u2} = \frac{\partial f_2}{\partial u}\bigg|_0 = -\frac{2\kappa R T_0 S_{d0}}{Z(\theta_{20} + \psi - \theta_0)}\varphi(p_0, p_s) = -\frac{g_2}{(\theta_{20} + \psi - \theta_0)}$$

其中

$$g_1 = \frac{\kappa R T_0 S_0}{Z}\left[\frac{\mathrm{d}\varphi(p_a, p)}{\mathrm{d}p} - \frac{\mathrm{d}\varphi(p, p_s)}{\mathrm{d}p}\right]\bigg|_{p = p_0}$$

$$g_2 = \frac{2\kappa R T_0 S_{d0}}{Z}\varphi(p_0, p_s) \neq 0$$

将式（3-9）与运动方程（2-9）联合，经拉氏变换，得控制量 u 到系统输出 θ 的传递函数为：

$$G(s) = \frac{\Theta(s)}{U(s)}$$

$$= \frac{Z[k_{u1}(s + k_{p2}) - k_{u2}(s + k_{p1})]}{s[(Js + \beta)(s + k_{p1})(s + k_{p2}) - Zk_{\omega 1}(s + k_{p2}) + Zk_{\omega 2}(s + k_{p1})]}$$

$$(3-10)$$

将各参数代入并化简得

$$G(s) = \frac{k_0(s + b_1)}{s(s^3 + a_1 s^2 + a_2 s + a_3)} \qquad (3-11)$$

式中

$$a_1 = \frac{Jk_{p1} + Jk_{p2} + \beta}{J} = \frac{g_1(\theta_{10} + \theta_{20} + \psi)}{(\theta_{10} + \theta_0)(\theta_{20} + \psi - \theta_0)} + \frac{\beta}{J} \qquad (3-12)$$

$$a_2 = \frac{Jk_{p1}k_{p2} + \beta(k_{p1} + k_{p2}) + Z(k_{\omega2} - k_{\omega1})}{J}$$

$$= \frac{g_1^2 + g_1\beta(\theta_{20} + \psi + \theta_{20})/J + Z\kappa p_0(\theta_{20} + \psi + \theta_{20})/J}{(\theta_{10} + \theta_0)(\theta_{20} + \psi - \theta_0)}$$

$$(3-13)$$

$$a_3 = \frac{\beta k_{p1}k_{p2} + Z(k_{\omega2}k_{p1} - k_{\omega1}k_{p2})}{J} = \frac{\beta g_1^2 + 2Z\kappa p_0 g_1}{J(\theta_{10} + \theta_0)(\theta_{20} + \psi - \theta_0)}$$

$$(3-14)$$

$$b_1 = \frac{k_{p2}k_{u1} - k_{p1}k_{u2}}{k_{u1} - k_{u2}} = \frac{g_1}{\theta_{10} + \theta_{20} + \psi} \qquad (3-15)$$

$$k_0 = \frac{Z(k_{u1} - k_{u2})}{J} = \frac{Zg_2(\theta_{10} + \theta_{20} + \psi)}{J(\theta_{10} + \theta_0)(\theta_{20} + \psi - \theta_0)} \qquad (3-16)$$

由式（3-12）~式（3-16）可知，传递函数式（3-11）中各系数与负载转动惯量 J 和工作点位置 θ_0 有关，即系统特性与负载转动惯量和工作点位置有关，这一点与 3.2 节试验得出的结果一致。进一步观察可以看出，各系数与 θ_0 的函数 $1/[(\theta_{10} + \theta_0)(\theta_{20} + \psi - \theta_0)]$ 的值有关，只要 $1/[(\theta_{10} + \theta_0)(\theta_{20} + \psi - \theta_0)]$ 的值相同，各系数值就保持不变。而当 $\theta_{10} = \theta_{20}$ 时，函数 $1/[(\theta_{10} + \theta_0)(\theta_{20} + \psi - \theta_0)]$ 关于中位 $\psi/2$ 对称，即在与中位 $\psi/2$ 对称的两个位置，函数值相同，即在与中位 $\psi/2$ 对称的位置，系统特性相同。

摩擦力矩干扰 $M_f(s)$ 到系统输出的传递函数为：

$$G_N(s) = -\frac{\Theta(s)}{M_f(s)} = \frac{(s + k_{p1})(s + k_{p2})}{Js(s^3 + a_1 s^2 + a_2 s + a_3)} \qquad (3-17)$$

系统采用的控制器的传递函数表示为：

$$G_c(s) = \frac{K_c G_c'(s)}{s^v} \qquad (3-18)$$

其中 $\qquad G'_c(s)\big|_{s=0} = 1$

式中　v——积分环节的个数；

　　　K_c——控制器增益。

由式（3-10）~式（3-18）可得比例流量阀控摆动气缸位置伺服系统控制框图，如图3-7所示。

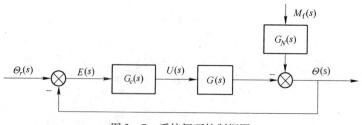

图 3-7　系统闭环控制框图

3.2.2　摩擦力对系统稳态精度的影响

由式（3-11）可知，系统为Ⅰ型系统，在阶跃输入信号作用下的稳态误差为零。由图3-7可得，在摩擦力矩扰动 $M_f(s) = M_f/s$ 作用下系统的稳态误差为：

$$e_s = \lim_{s \to 0} s \frac{G_N(s)}{1 + G_c(s)G(s)} M_f(s) \qquad (3-19)$$

将式（3-10）~式（3-17）代入式（3-19），得

$$e_s = \frac{M_f k_{p1} k_{p2}}{Z(k_{u1} k_{p2} - k_{u2} k_{p1}) G_c(0)} \qquad (3-20)$$

若控制器不含积分环节，即 $v = 0$，则

$$e_s = \frac{M_f k_{p1} k_{p2}}{Z K_c (k_{u1} k_{p2} - k_{u2} k_{p1})} \qquad (3-21)$$

若控制器含有积分环节，即 $v \geq 1$，则

$$e_s = 0 \qquad (3-22)$$

由以上分析可以得出，摩擦力矩干扰引起系统的稳态误差。增大控制器增益 K_c，稳态误差虽可以减小，但不能消除，且受系统稳定性限制，增益不能过大；增加积分环节，则可以消除系统的稳态误差。

为了验证以上理论分析的正确性，进行了仿真。图3-8给出了

采用比例控制，在有摩擦力矩和无摩擦力矩两种情况下，以及采用比例积分控制的仿真曲线。

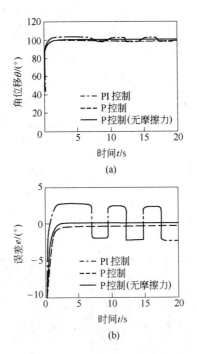

图 3-8 闭环控制仿真曲线

（a）角位移；（b）误差曲线

由图 3-8 可以看出，采用比例控制，有摩擦力矩干扰时系统存在稳态误差，而无摩擦力矩干扰时系统稳态误差为零，说明系统的稳态误差是由摩擦力矩引起的，与以上理论分析结果一致。但采用比例积分控制时，系统产生了粘滑振荡现象，并没有消除稳态误差，与理论分析结果不一致，这是由于理论分析时采用了工作点附近线性化的数学模型，对系统的摩擦力矩等非线性因素考虑得不完全。

3.2.3 摩擦力对系统动态特性的影响

在摆动气缸位置伺服控制试验台上，采用试验台的 Matlab 仿真模型，通过仿真和试验，研究比例流量阀控摆动气缸位置伺服系统中摩擦力矩对系统动态特性的影响。

图 3-9 所示为采用比例控制，系统跟踪正弦波的试验曲线。试验条件为：供气压力 $p_s = 0.41$ MPa，负载转动惯量 $J = 227.98$ kg·cm^2，控制器参数 $K_P = 1$。

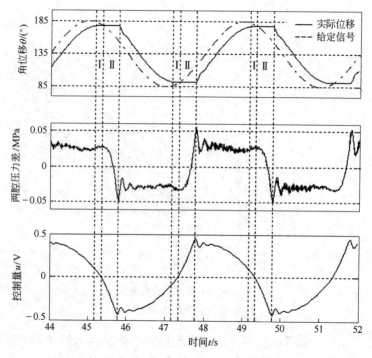

图 3-9　跟踪正弦波的试验曲线

由图 3-9 所示的位移曲线可以看出，在正弦波的峰值附近，出现明显的停滞状态，称之为"台肩"现象。

下面对图 3-9 中的"台肩"现象做简要分析。

（1）在正弦波的峰值附近，系统运行速度很低。由于在速度很低时，摩擦力矩具有随速度的增大而下降的 Stribeck 效应，在增大的摩擦力矩作用下，系统速度迅速降为零，这时摩擦力矩由动摩擦变成静摩擦。由于控制量较小，压力差绝对值上升缓慢，其产生的驱动力矩无法克服静摩擦力矩，系统处于停滞状态，对应于图中的Ⅰ段。

（2）在压力差还未来得及上升到使系统继续原方向运行的值时，控制量由正（负）变负（正），压力差也随着由正（负）向负（正）逐渐变化。但压力差动态过程较慢，达到克服静摩擦力矩使系统反向启动的压力差需要一段时间，在这期间，系统一直处于停滞状态，对应于图中的Ⅱ段。可见，由于非线性摩擦力矩的作用，系统出现了Ⅰ段和Ⅱ段的停滞状态，即"台肩"现象。

图 3 - 10 所示为有摩擦力矩和无摩擦力矩两种情况下，系统跟踪正弦波的仿真曲线。仿真条件为：供气压力 $p_s = 0.41\text{MPa}$，负载转动惯量 $J = 227.98\ \text{kg} \cdot \text{cm}^2$，控制器参数 $K_p = 1$。

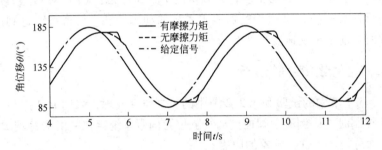

图 3 - 10　跟踪正弦波的仿真曲线

由图 3 - 10 可以看出，有摩擦力矩时，在正弦波的峰值处出现"台肩"，而无摩擦力矩时则不存在"台肩"，进一步说明了"台肩"现象是由摩擦力矩引起的。

上面分析了系统跟踪正弦波时产生的"台肩"现象。实际上，由于同样的原因，系统在跟踪方波信号或阶跃信号时，也会出现"台肩"现象，如图 3 - 11 所示。图 3 - 11 所示的跟踪方波信号的试验曲线中，上升过程出现两段"停滞"状态，该现象在这种情况下类似于"爬行"现象，影响系统运行的平稳性。

由上述分析可以得出，由于非线性摩擦力矩的存在，系统动态响应过程中会出现"台肩"现象。该现象严重影响了系统运行过程的平稳性及系统的响应速度。

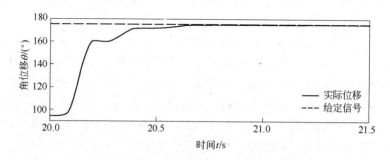

图 3 - 11   跟踪方波的试验曲线

"台肩"现象出现在系统响应过程中运行速度较低处。因此，要抑制"台肩"现象的出现，可以从两个方面考虑：（1）对摩擦力矩进行补偿；（2）通过控制器改善系统的动态特性，使得系统达到期望值之前不出现速度很低的情况。

3.2.4   粘滑振荡现象分析

3.1 节中的试验和 3.2.2 节中的仿真研究发现，采用 PID 控制或 PI 控制时，比例流量阀控摆动气缸位置伺服系统存在粘滑振荡现象，下面分析产生这一现象的原因。

比例流量阀的特性是粘滑振荡现象产生的原因之一，在分析粘滑振荡现象之前，先分析比例流量阀的压力特性。

两个比例阀的稳态压力与控制量的关系曲线如图 3 - 12（a）所示。在不同控制量作用下，摆动气缸两腔的最大压力差为稳态压力差，由图 3 - 12（a）可得到稳态压力差与控制量的关系曲线图，如图 3 - 12（b）所示。由驱动力矩 $M_p = Z\Delta p$ 得，最大静摩擦力矩 M_{sfmax} 对应的压力差为 $\Delta p_{sfmax} = M_{sfmax}/Z$。在图 3 - 12（b）中，$u_1$，$u_2$ 分别对应于 $-\Delta p_{sfmax}$ 和 $+\Delta p_{sfmax}$，当 $u_1 < u < u_2$ 时，驱动力矩小于最大静摩擦力矩，即 $-M_{sfmax} < M_p < M_{sfmax}$，系统处于控制死区。

图 3 - 13 所示为采用 PID 控制的试验结果曲线。试验条件为：供气压力 $p_s = 0.41$ MPa，负载转动惯量 $J = 112.78$ kg·cm²。控制器参数 $K_P = 0.8$，$K_I = 0.005$，$K_D = 0$。

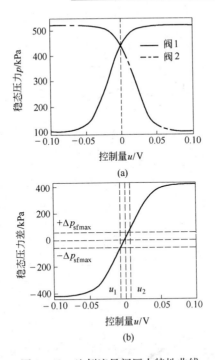

图 3 – 12 比例流量阀压力特性曲线

（a）稳态压力与控制量的关系曲线；（b）稳态压力差与控制量的关系曲线

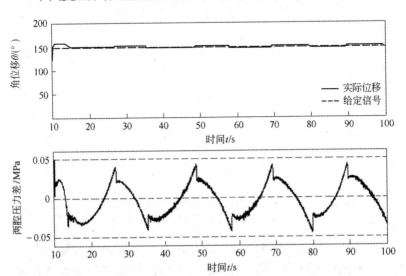

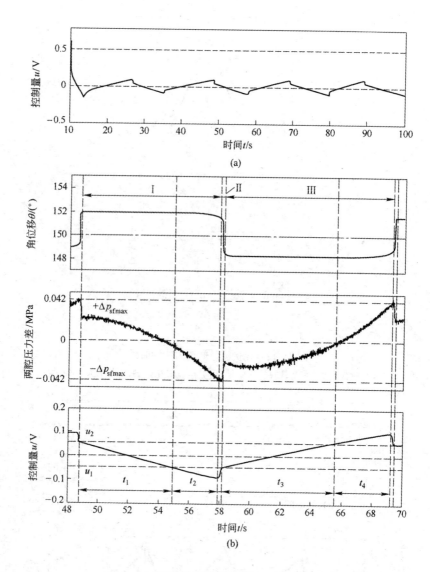

图 3 - 13　PID 控制试验曲线及局部放大图

（a）PID 控制试验曲线；（b）局部放大图

　　由图 3 - 13（a）可以看出，系统存在明显的粘滑振荡现象。在期望值附近，误差 e 很小，PID 控制中的积分环节起主要作用。

采用图 3 – 13 中的局部放大图（图 3 – 13（b））来分析粘滑振荡过程：

（1）在阶段 I，误差 e 小于零，在积分环节的作用下，控制量 u 减小，但变化较慢，在一段时间 t_1 内，$u_1 < u < u_2$，$| \Delta p | < \Delta p_{sfmax}$，系统处于控制死区，在静摩擦力矩作用下，停止不动，处于"粘滞"状态；随着控制量的减小，当 $u < u_1$ 后，由于压力建立过程较慢，两腔压力差并没有瞬间达到 u_1 对应的稳态值，而是处于动态过渡过程，经过一段时间 t_2 后，压力差产生的驱动力矩才足以克服最大静摩擦力矩，系统开始向使误差减小的方向运动，处于"滑动"状态，进入阶段 II。

（2）在阶段 II，由于静摩擦力矩瞬变为动摩擦力矩，系统猛然加速，冲过给定值，两腔压力差的绝对值由于速度的增大而迅速下降，系统在摩擦力矩作用下速度减小，直至停止不动，动摩擦力矩转变为静摩擦力矩，系统又进入"粘滞"状态（阶段 III）。

（3）在阶段 III，误差 e 大于零，在积分环节作用下，u 开始逐渐增大，在一段时间 t_3 内，$u_1 < u < u_2$，系统处于控制死区，在静摩擦力矩作用下，停止不动，处于"粘滞"状态；$u > u_2$ 后，两腔压力差产生的驱动力矩逐渐增大，经过一段时间 t_4，压力差产生的驱动力矩大于最大静摩擦力矩，系统又开始运动。上述过程不断重复，即产生了粘滑振荡现象。

由上述分析过程可以得出，粘滑振荡现象主要是由比例流量阀的特性和非线性摩擦力矩引起的。实际上，由于空气的压缩性，摆动气缸两腔的压力建立过程较慢，也是产生粘滑振荡的原因之一。图 3 – 14 所示为采用比例控制时系统产生粘滑振荡现象的仿真曲线。

下面对图 3 – 14 中的粘滑振荡过程做简要分析。分析时采用局部放大图（图 3 – 14（b）），图中，$u_a < u_1$，$u_b > u_2$。在阶段 I，系统静止不动，即处于"粘滞"状态，在比例控制下控制量维持 u_a 不变，两腔压力差并没有瞬间达到 u_a 对应的稳态值，而是处于动态过渡过程；经过一段时间 t_s 后，压力差产生的驱动力矩才足以克服最大静摩擦力矩，系统开始反向运行，即进入"滑动"状态（阶段 II）；由于动静摩擦力矩的转化，系统猛然加速，冲过给定值，两腔压力差的绝对值也由于运行速度的增大而迅速下降，系统在摩擦力矩作用下，逐渐减速直至停止运动，系统动摩擦力矩转变为静摩擦力矩，控制量变为 u_b，系统又进入"粘滞"状态（阶段Ⅲ）；在阶段Ⅲ，两腔压力差在控制量 u_b 的作用下逐渐上升，直到压力差产生的驱动力矩能够克服摩擦力矩使系统运动。如此反复，即产生了粘滑振荡现象。可见，比例控制下产生的粘滑振荡是由于压力建立过程较慢引起的。

通过以上分析可知，产生粘滑振荡现象的主要因素为非线性摩擦力矩、比例流量阀的特性、空气的压缩性引起的压力建立过程较慢等。其中，非线性摩擦力矩的存在是粘滑现象产生的根本原因。

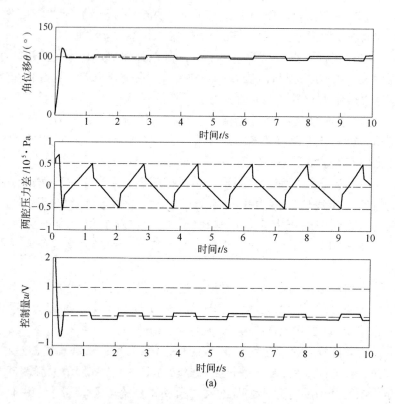

(a)

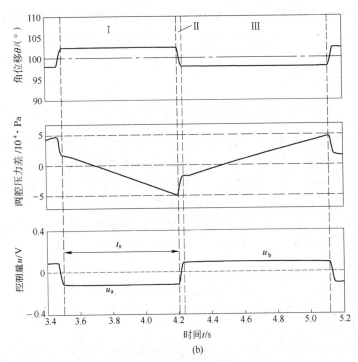

(b)

图 3-14 比例控制仿真曲线及局部放大图

(a) 比例控制仿真曲线；(b) 局部放大图

需要说明的是，以上采用比例控制系统产生粘滑振荡现象是一个特例，并不是只要采用比例控制系统就存在粘滑振荡现象。采用比例控制时，只有在满足一定条件的情况下，才会产生粘滑振荡现象，一般情况下并不存在。但是，由分析过程可以看出，采用积分控制，只要有误差积分控制就起作用，误差积累到一定程度，就有可能产生滑动，系统产生粘滑振荡的可能性很大。因此，在比例流量阀控摆动气缸位置伺服系统中，不能依靠积分控制来消除系统的稳态误差，需要通过其他方法来提高系统的控制精度。

3.3 比例流量阀非线性特性对系统性能的影响及补偿方法

在基于电气比例流量阀的气动位置伺服系统中，比例流量阀的开口有效面积与控制量呈非线性关系，该非线性特性对系统性能有很大影响。本节通过仿真和试验，分析比例流量阀非线性特性对系统控制性能的影响，并介绍一种将比例流量阀进行线性化处理的非线性补偿方法[4]。

3.3.1　比例流量阀的非线性特性对系统性能的影响

在图 2 – 26 中，比例流量阀的开口有效面积与控制量成非线性关系，即阀输出的开口有效面积与输入控制量之间的放大系数随着控制量变化，当控制量较小，比例阀工作在零位附近时，放大系数较小，而当控制量较大时，放大系数较大。

为了研究比例流量阀的非线性特性对系统性能的影响，需要尽量避免系统的其他非线性因素（如摩擦力）产生的影响。仿真研究可以对系统的参数进行任意假设和设置，因此，下面通过仿真研究比例阀的非线性特性对系统性能的影响。采用图 2 – 27 所示的仿真系统进行研究，仿真时将系统的一个主要非线性因素——摩擦力矩设置为零。

图 3 – 15 所示为采用比例控制的闭环仿真曲线。控制器比例系数 K_P 取 0.6 V/rad，0.8 V/rad 和 1 V/rad 三种情况。仿真试验条件为：气源供气压力 $p_s = 0.41$ MPa，两腔初始压力 $p_{10} = p_{20} = 0.31$ MPa，负载转动惯量 $J = 176.78$ kg·cm²，摩擦力矩 $M_{df} = M_{sfmax} = 0$。

由图 3 – 15 可以看出，系统的响应过程具有以下特点：

（1）在初始阶段，系统响应速度快，存在振荡；接近期望值时，响应速度却很慢。这是由于在初始阶段，控制量 u 较大，比例阀放大系数较大，系统开环增益亦较大；而接近期望值时，控制量 u 较小，比例阀工作在零位附近，放大系数较小，系统开环增益也较小。

（2）减小控制器的比例系数，如 $K_P = 0.6$ V/rad，动态过程初始阶段的振荡减弱，但整个系统的动态响应变慢；而增大比例系数，如 $K_P = 1$ V/rad，可以加快响应速度，但初始阶段的振荡加剧，产生超调。

以上的仿真研究中，没有考虑实际系统的非线性摩擦力矩，为了进一步研究比例阀的非线性特性对系统性能的影响，对实际系统进行了试验。图 3-16 所示为采用比例控制的闭环试验曲线，试验条件与图 3-15 的仿真条件相同，控制器的比例系数为 0.8V/rad。

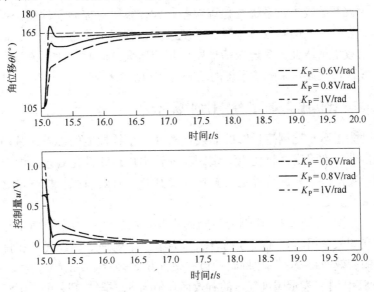

图 3-15　比例控制仿真曲线

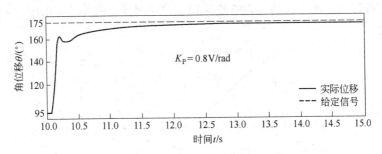

图 3-16　比例控制试验曲线

由图 3-16 可以看出，试验曲线与仿真曲线的动态过程一致，系统在同一动态响应过程中存在不同的特性。不同的是，试验曲线中存在较大的稳态误差，这是由于实际系统存在较大的摩擦力矩，而在期望值附近比例阀的放大系数较小。

可见，由于比例流量阀开口有效面积与控制量之间的非线性关系，比例阀放大系数随控制量变化，系统开环增益也随之变化，导致同一动态过程中系统呈现出不同的特性，且由于比例阀零位附近的放大系数较小，系统的稳态误差较大；系统对控制器的比例系数非常敏感，比例系数较小时，系统过渡过程慢，稳态误差大，而比例系数稍稍增大，系统振荡加剧，超调增大。因此，比例流量阀的非线性特性严重影响了系统的动态特性和稳态精度。

3.3.2　比例流量阀非线性特性的线性化

　　为了减小比例流量阀的非线性特性对系统性能的影响，减弱系统的非线性强度，将比例流量阀输入输出进行线性化处理，即对比例流量阀的非线性特性进行补偿，使其开口有效面积与控制量之间呈线性关系。

　　在图2-26中，比例流量阀的进气口和排气口的有效面积与控制量的关系用两条曲线分别表示。为了便于处理，将进气口和排气口的有效面积统一用比例阀开口有效面积 S 表示。S 的物理意义为：当 $S > 0$ 时，表示阀进气口的有效面积值为 S，排气口封闭；当 $S < 0$ 时，表示排气口的有效面积值为 S 的绝对值，进气口封闭。采用以上处理后，两个阀的开口有效面积 S 与控制量 u 的关系可由图3-17表示。

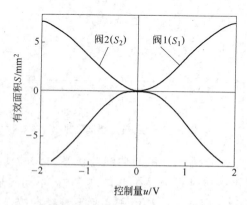

图3-17　比例流量阀开口有效面积与控制量的关系曲线

　　下面以图2-24中的比例流量阀1为例，说明比例阀输入输出线性化的思想及其非线性特性补偿环节的设计过程。

如图 3-18 所示，在控制器与比例流量阀 1 之间增加一个比例阀非线性特性补偿环节。将该环节与比例阀 1 看做一个整体，其输入为控制器的输出 u，输出为比例阀 1 的开口有效面积 S_1。比例阀非线性特性补偿环节的输出为比例阀的控制输入，用 u_{l1} 表示，比例阀的控制电压为 $u_{v1} = u_{l0} + u_{l1}$。

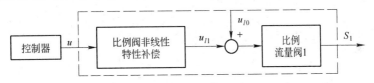

图 3-18 比例流量阀输入输出线性化过程方块图

比例流量阀输入输出线性化的思想为：控制器输出 u 为期望的比例阀 1 开口有效面积，经比例阀非线性特性补偿环节计算得到对应于该有效面积的控制输入 u_{l1}，这样，在 u_{l1} 的控制下，比例阀 1 的实际开口有效面积 S_1 与控制器输出的期望有效面积 u 相等，即阀开口有效面积与控制量呈线性关系。

设图 3-17 所示的比例流量阀 1 的开口有效面积 S_1 与控制输入 u_{l1} 的关系曲线用函数 $S_1 = f(u_{l1})$ 表示，其逆函数为 $u_{l1} = f^{-1}(S_1)$。令比例阀的控制输入 u_{l1} 与控制器输出 u 满足 $u_{l1} = f^{-1}(u)$（如图 3-19 所示），则比例阀 1 的开口有效面积 S_1 与控制量 u 的关系为 $S_1 = u$（如图 3-20 所示）。

逆函数 $u_{l1} = f^{-1}(u)$ 即为图 3-18 中的比例阀非线性特性补偿环节的表达式，通过对图 3-19 中的曲线进行分段线性拟合得到。

采用同样的方法可得到比例阀 2 的非线性特性补偿环节的表达式，线性化后其有效面积 S_2 与控制量 u 的关系为 $S_2 = -u$。

由于采用比例阀非线性特性补偿环节后，控制器输出的控制量 u 即为比例阀开口有效面积的大小。因此，控制量 u 的单位用面积单位 mm^2 表示，有别于未采用线性化时的控制量单位（电压单位 V）。

图 3-21 所示为采用比例流量阀非线性特性补偿环节后的闭环控制仿真曲线。仿真条件与图 3-15 相同。控制器比例系数 K_P 分别

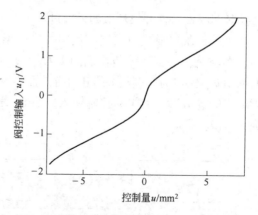

图 3 - 19　比例阀 1 非线性特性补偿环节的输入输出关系

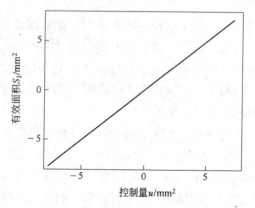

图 3 - 20　线性化后比例流量阀 1 开口有效面积与控制量的关系

取 1.5 mm^2/rad，2 mm^2/rad 和 4 mm^2/rad。

　　由图 3 - 21 可以看出，采用比例阀非线性特性补偿后，系统的动态响应过程不再呈现一段"快"一段"慢"的显著变化。于是，控制器比例系数可以大范围调节，系统的特性得到很大改善。

　　以上的仿真研究中，没有考虑实际系统的摩擦力矩，且比例流量阀的线性化是理想的线性化。为了验证比例阀非线性特性的补偿对实际系统性能的改善，进行了试验研究，图 3 - 22 所示为试验结果曲线。试验条件与图 3 - 16 相同，控制器的比例系数为 2 mm^2/rad。

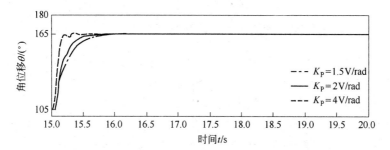

图 3-21 采用比例阀非线性特性补偿的比例控制仿真曲线

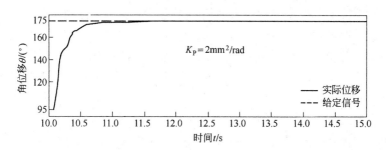

图 3-22 采用比例阀非线性特性补偿的比例控制试验曲线

由图 3-22 可以看出，试验结果与仿真结果一致，系统动态特性得到了很大改善。将图 3-16 与图 3-22 进行对比，可以看出在控制器的比例系数不是很大、系统没有产生超调和振荡的情况下，系统的稳态精度得到了提高。

采用比例流量阀非线性特性补偿，减弱了比例流量阀控摆动气缸位置伺服系统的非线性强度，改善了系统特性，使得对系统的控制变得相对比较容易。此外，对比例流量阀非线性特性的补偿，也为建立更准确的线性化数学模型打下了基础。

需要说明的是，由于比例流量阀的磁滞特性等因素的影响，表示比例流量阀开口有效面积与控制量关系的特性曲线只能是近似表示，所以根据它进行的比例阀线性化也只能是近似线性化。但试验证明，即使是近似线性化，也大大改善了系统的特性。

从本章开始，在比例流量阀控摆动气缸位置伺服系统的研究中，都采用了比例阀非线性特性补偿环节，并作为被控对象的一部分。

3.3.3　抑制位移波动的压力差辅助控制方法

第 3.2 节的实验研究得出，比例流量阀控制的摆动气缸位置伺服系统存在位移波动现象。引起该现象的主要原因为：位移达到期望位置附近时，摆动气缸两腔压力仍处于较慢的动态过渡过程，两腔压力差较大且存在波动。因此，在位置控制的基础上，增加压力差辅助控制，借助压力差控制来抑制位移波动现象的发生。

位置控制 + 压力差辅助控制的复合控制方法如图 3 - 23 所示，根据系统是否进入准稳态来切换控制方式。首先采用位置控制，系统进入准稳态后，切换控制模式，采用压力差控制。其中，准稳态根据位置和速度来判断，当位置误差和速度都在某较小的给定范围内，即 $|\omega| \leqslant \varepsilon_\omega$、$|e| \leqslant \varepsilon_e$ 时，认为系统进入准稳态。根据角速度检测的最小分辨率取 $\varepsilon_\omega = 0.14 rad/s$，给定的位置误差范围 ε_e 必须在位置控制所能达到的稳态误差范围内，否则，位置控制和压力差控制切换条件无法满足。压力差控制和位置控制的系统框图分别如图 3 - 24 和图 3 - 25 所示。

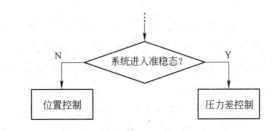

图 3 - 23　位置和压力差控制切换示意图

图 3 - 24　压力差控制框图

压力差控制的目的是使得系统压力差尽快跟踪给定值 Δp_r，因此采用比例控制即可，比例系数 k_{pp} 取 10 mm²/MPa。在系统没有外力负

图 3 – 25 位置控制框图

载,只有摩擦力矩时,压力差给定值 Δp_r 取零;有外力负载时,给定压力差 Δp_r 取与外力负载相对应的值。

由于摆动气缸位置伺服系统的强非线性,对其进行控制比较难,后面的章节将进一步研究位置控制的具体控制策略。压力差控制仅仅是位置控制的一种辅助控制方法。

3.4 基于 AMESim 的局部线性化模型的建立及系统特性分析

3.2 节从两腔压力微分方程的一阶偏微分推导出比例方向阀控气动缸气动机构的四阶状态空间模型,4.1 节将介绍采用基于"黑匣子"的系统辨识法建立气动位置控制系统的数学模型。理论推导系统的线性模型需要扎实的气动系统相关理论知识,工作量大,得到的计算公式复杂,且模型中的某些参数需要试验确定。系统辨识法需要较强的理论基础、大量的试验数据和复杂的处理过程,也比较复杂。

AMESim 是涵盖了机械、液压、气动、电气、热力、控制等多个领域的系统工程仿真软件,用于机电系统性能的建模、分析和预测[5],它提供的线性化分析工具可以方便地建立非线性系统在工作点的线性化模型,进行系统特性分析。

文献 [6] 解决了应用 AMESim 线性工具分析液压阀控缸系统的关键技术难点。气动系统与液压系统具有类似的特性,都是含有积分环节的高阶系统,所以,AMESim 线性化工具分析液压系统的方法和技巧同样适用于气动系统。本节应用 AMESim 线性工具建立气动阀控缸机构工作点线性化模型,分析气动阀控缸系统特性[7]。

3.4.1 AMESim 线性化分析工具

AMESim 可以将非线性系统在工作点线性化并产生相应的状态空

间模型，为了充分利用该模型，AMESim 提供了特征值和模态分析、频率响应分析、根轨迹分析等工具，其线性分析工具条如图 3 - 26 所示。其中，"Linear Analysis"为线性分析模式选择按钮，"LA Times"为线性化时间点设置按钮，"LA Status"为当前变量设置显示按钮，"Eigenvalues and Model Shapes"为特征值和模态分析按钮，"Frequency Response"为频率响应分析按钮，"Root Locus"为根轨迹分析按钮。

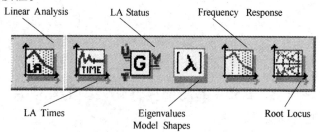

图 3 - 26　AMESim 线性化分析工具栏

应用 AMESim 进行线性化分析的一般步骤为：

（1）建立非线性系统模型。根据系统组成搭建其 AMESim 模型，并设置参数。

（2）选择变量类型。在线性分析模式下，点击 AMESim 模型中的元件，进入其变量设置界面。变量有状态变量和非状态变量两类。状态变量有 fixed state（固定状态）、state observer（观测状态）、free state（自由状态）三种选择。一般情况下，状态变量选为自由状态；若某状态变量也作为输出变量，则选为观测状态；若选为固定状态变量，则该状态变量从线性分析中剔除，系统阶次降低。非状态变量有 control（控制变量）、observer（观测变量）和 clear（清除）三种选择。控制变量也就是系统输入变量，观测变量也就是系统输出变量，若某变量既不是输入变量也不是输出变量，则选为"清除"。通过变量的选择，确定了状态空间模型中状态变量、输入变量和输出变量，点击"LA Staus"按钮，可以显示当前设置结果。

（3）设置线性化时间。点击"LA Times"，进入线性化时间设置界面，可以设置多个时间点。

（4）启动线性化分析。在线性分析模式下，启动仿真运行，运行结束后，线性化状态空间模型的系统矩阵 A、输入矩阵 B、输出矩阵 C 和直联矩阵 D 以 ASCII 码的形式存在文件中，各时间点的模型分别存在于不同文件中。

（5）观察线性化分析结果。在 Matlab 中读取得到的状态空间模型并分析，或者利用 AMESim 提供的特征值和模态分析、频率响应分析或者根轨迹分析等工具做二次分析。

3.4.2 应用 AMESim 分析阀控缸系统特性的关键问题及解决方法

根据 3.2.1 节分析，阀控缸系统是一个含有积分环节的非线性系统，开环运行无法进入稳态，无法直接根据上述步骤应用 AMESim 分析其特性。因此，无法直接根据上述步骤应用 AMESim 分析其特性。另外，气动系统除了伺服阀（比例阀）和气动执行元件外，还有压力阀、管道等动态元件，是一个高阶非线性系统，直接采用上述方法得到的线性化系统，不仅包含了阀和缸的特性，还包含了其他动态元件的特性，难以从中辨别出阀控缸子系统的特性。为此，采用 AMESim 线性化工具分析阀控缸特性，需要解决两个关键问题：（1）如何分析含有积分环节系统的特性；（2）如何分析高阶系统中子系统的特性。

3.4.2.1 含有积分环节的非线性系统特性分析方法

采用 AMESim 做线性化分析，要求系统必须进入稳态。对于含有积分环节的非线性系统，采取如下措施：

（1）采用闭环运行方式。采用简单的比例控制器构成闭环控制系统，使系统能够进入稳态，并且通过给定环节可以调节稳态工作点，从而得到不同工作点的线性化模型。

（2）将积分环节对应的状态变量设置为固定状态变量。这样，线性分析时反馈回路断开，从而得到开环系统特性，但要注意，得到的线性化模型不包括积分环节。

对于线性系统，应用 AMESim 线性化分析工具得到的线性化模型仍是原模型，因此，以线性系统为例便于检验所提出方法的有效性。取被分析系统的传递函数由一个积分环节和一个二阶环节组

成，即

$$G(s) = \frac{30}{s(s+3)(s+10)} \qquad (3-23)$$

建立该系统的闭环控制 AMESim 模型，如图 3 - 27 所示。当比例控制系数为 1 时，该系统是稳定的。状态变量均设为自由状态时，应用线性化分析工具得到系统特征值为 - 10. 39 和 - 1. 3 ± j1. 09，这三个值都不是式（3 - 23）表示的系统的特征值，而是其闭环系统的特征值。将图 3 - 27 中积分环节的状态变量设置为固定状态变量，再次应用线性化分析工具，得到的特征值为 - 3 和 - 10，为式（3 - 23）所示系统除积分环节外的特征值。

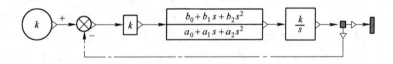

图 3 - 27 含积分环节系统特性分析 AMESim 模型

该例表明，对于开环不稳定的含有积分环节的非线性系统，采用闭环运行方式，应用 AMESim 线性分析工具，并将积分环节对应的状态变量设置为固定变量，可得到可信的线性化模型。该方法有效解决了应用 AMESim 分析含有积分环节的非线性系统的问题。

3.4.2.2 高阶非线性系统子系统特性分析方法

应用 AMESim 对复杂的高阶非线性系统中某非线性子系统做线性化分析，采用如下方法：将高阶系统中除了要分析的子系统外，其他环节的状态变量均设为固定状态变量。

同样以线性系统为例来验证该方法。取高阶系统由两个子系统构成，每个子系统为一个二阶环节，即

$$G(s) = G_1(s)G_2(s) = \frac{1}{(s+1)(s+3)} \cdot \frac{1}{(s+5)(s+7)} \qquad (3-24)$$

图 3 - 28 所示为所建立的 AMESim 模型。将系统的所有状态变量均设为自由状态时，应用线性化分析工具得到系统特征值为 - 1，

−3，−5 和 −7，这四个值都为式（3−24）表示的四阶系统的特征值。将图 3−28 中子系统 2 的状态变量均设为固定状态变量，应用线性化分析工具得到的特征值为 −1 和 −3，为子系统 1 的特征值，即分析得出了子系统 1 的特性。

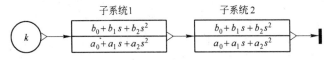

图 3−28 高阶系统 AMESim 模型

该例表明，对于高阶非线性系统，通过状态变量的合理设置，应用 AMESim 线性分析工具，可以得到其非线性子系统的可信的线性化模型。

3.4.3 AMESim 建立阀控缸机构工作点线性化模型的实现

应用 3.4.2 节方法，利用 AMESim 建立摆动气缸位置伺服控制试验平台中的阀控摆动缸机构工作点线性化模型，首先需要建立其闭环控制系统的 AMESim 模型，并做合理的状态变量设置。

3.4.3.1 比例阀控摆动缸位置闭环控制系统 AMESim 模型

在 AMESim 的气动元件库中，没有叶片式摆动气缸模块，对称直线缸和摆动气缸的运动方程形式上等价，若做适当变换，可以用直线缸等效摆动缸。令 r 表示摆动气缸腔室的等效半径，即 $r = (D + d)/4$，摆动气缸的旋转角位移 θ 用等效半径处的圆弧线位移 $r\theta$ 代替，则摆动气缸的旋转运动等效为线运动，可用直线气缸来等效，直线缸的位移表示摆动缸的弧线位移 $r\theta$。设摆动缸参数为行程 ψ、转动惯量 J、黏性摩擦系数 β、库仑摩擦力矩 M_{df}、静摩擦力矩 M_{sfmax}，则等效直线气缸的参数为活塞有效面积为摆动缸叶片面积 $b(D−d)/2 = Z/r$、行程 ψr、质量 J/r^2、黏性摩擦系数 β/r^2、库仑摩擦力 M_{df}/r、静摩擦力 M_{sfmax}/r。两者死区容积相同。

比例阀控摆动缸位置闭环控制系统主要由摆动缸、比例流量阀、位移传感器、控制器、气源等组成，该系统的 AMESim 模型如图 3−29 所示。为了排除管道、减压阀、安全阀等实际气动系统其他元件动态过程的影响，模型中采用了理想恒压恒温源，管道采用直接连接，比例阀到摆动缸之间的管道引起的起始容积包含在摆动缸两腔的死区容积中。由于闭环控制的目的是摆动缸处于要分析的工作点位置，控制器主要考虑稳态精度，因此，采用带补偿的比例控制即可。

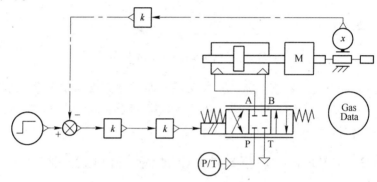

图 3 - 29   阀控缸闭环控制系统 AMESim 模型

按照 2.2.2 节给出的研究平台中摆动气缸参数，由上述关系计算等效直线缸的参数。摆动气缸腔室平均半径 $r = 31.25$ mm，对称缸缸径为 53.4 mm，活塞杆直径为 0 mm，行程为 147.26 mm，两腔死区体积均为 12.25 cm³，黏性摩擦系数为 307.2 N·s/m，负载质量为 18.1 kg。热交换系数为 200 J/（m²·K·s）；比例阀的频率为 10 Hz，阻尼比为 0.8，额定电流为 2 mA，四个阀口面积均为 8 mm²，流量系数为 0.72，阀口面积（百分数）与阀芯位移 x_v（百分数）之间关系按 2.4.2 节得到的表达式设置为 1/ $[1 + \exp (\pm 11\ x + 4.5)]$。

采用所建立的阀控缸系统 AMESim 模型，在供气压力 p_s 为 0.51 MPa、负载转动惯量 J 为 112.78 kg·cm²、控制量 u 为 0.4 条件下，开环仿真曲线如图 3 - 30 所示，与相同条件下采用 Matlab 模型的仿真结果（图 2 - 31）一致。说明在 AMESim 中用直线气缸等效摆动气缸的方案是合理的。

3.4.3.2   变量设置

采用 AMESim 线性化工具分析阀控缸的关键是状态变量的设置。摆动缸有两腔压力、活塞速度、活塞位移、两腔温度、两腔体积和

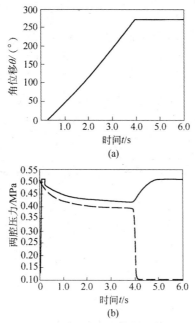

图 3-30 AMESim 中阀控缸系统开环仿真曲线

(a) 角位移动态过程；(b) 两腔压力动态过程

两腔气体质量等 10 个状态变量，位移是速度的积分，阀控缸系统中的积分环节对应的状态变量为位移，根据 3.4.2 节的介绍，将位移设置为固定状态变量，使得线性分析时反馈环断开，而将活塞速度设置为观测状态变量，作为系统输出。比例阀的状态变量包括阀芯位移和阀芯速度，均设为自由状态变量，比例阀输入信号设置为控制变量。系统元件状态变量设置见表 3-1。

表 3-1 变量设置

变量名称	设置类型	变量名称	设置类型
活塞位移	固定状态变量	两腔气体质量	自由状态变量
活塞速度	观测状态变量	比例阀阀芯位移	自由状态变量
两腔压力	自由状态变量	比例阀阀芯速度	自由状态变量
两腔温度	自由状态变量	比例阀输入信号	控制变量
两腔体积	自由状态变量	其余变量	清除变量

3.4.3.3　工作点局部线性模型的获取

下面通过对阀控摆动缸研究平台在摆动缸中位模型分析，说明局部线性模型建立的过程及模型参数的获取方法。

图 3 – 31 和图 3 – 32 所示分别为闭环位置控制位移和压力响应曲线。可以看出，当位移达到稳态时，由于两腔压力动态过程较慢，两腔压力还处于动态过程，系统还是处于动态过程。因此，选择线

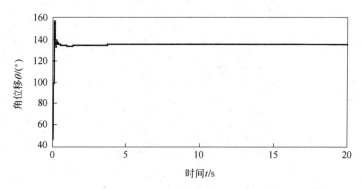

图 3 – 31　位置闭环控制位移响应曲线

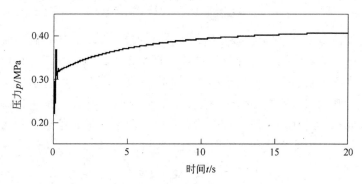

图 3 – 32　位置闭环控制腔压力响应曲线

性化分析时间时，要保证压力达到稳态，不能只看位移响应。

在气源压力 0.51 MPa 的条件下，将位移给定值设置为中位 135°，进行线性化分析，特征值分析结果如图 3 – 33 所示。显然，10 Hz（62.83 rad/s）频率和 0.8 阻尼比对应的二阶振荡环节是伺服阀特性，其余 2 个复根、5 个非零实根和 3 个零实根为比例阀阀芯位

移到摆动缸速度的动态环节特征值，该动态环节包括 5 个惯性环节、3 个积分环节和 1 个二阶振荡环节，振荡环节的固有频率和阻尼比分别为 6.8 Hz（42.74 rad/s）和 0.22。

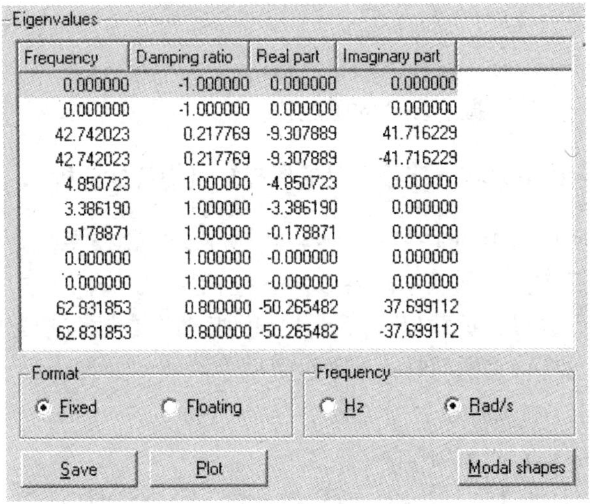

Frequency	Damping ratio	Real part	Imaginary part
0.000000	-1.000000	0.000000	0.000000
0.000000	-1.000000	0.000000	0.000000
42.742023	0.217769	-9.307889	41.716229
42.742023	0.217769	-9.307889	-41.716229
4.850723	1.000000	-4.850723	0.000000
3.386190	1.000000	-3.386190	0.000000
0.178871	1.000000	-0.178871	0.000000
0.000000	1.000000	-0.000000	0.000000
0.000000	1.000000	-0.000000	0.000000
62.831853	0.800000	-50.265482	37.699112
62.831853	0.800000	-50.265482	-37.699112

图 3－33　系统的特征值分析

线性化分析得到的状态空间模型可以在 Matlab 中读出。在 Matlab 中，采用“ameloadj. m”工具，读出状态空间模型的四个矩阵，其命令格式为：[A, B, C, D] = AMELOADJ（‘模型文件名’），进一步通过命令 [z, p, k] = ss2zp（A, B, C, D, 1），将状态空间模型转化为零极点形式的传递函数，得到比例阀控制输入到摆动缸速度的动态特性有 7 个零点和 9 个极点，零点为 [－4.85，－3.4216，－0.1789，0，0，0，0]，极点与图 3－33 所示完全相同。得到的局部线性模型为九阶，阶数高。进一步观察，有 7 个实极点与 7 个零点相同或相差很小，相互抵消，剩下一对复数极点。不考虑阀的动态，摆动缸中位处比例阀控制输入到摆动缸速度的传递函数为：

$$G(s) = \frac{0.06 \times 42.74^2}{s^2 + 18.8s + 42.74^2} \qquad (3-25)$$

同理可得，在不同位置，比例阀控制输入到摆动缸速度的动态特性均为二阶振荡环节。考虑速度到位移的积分环节，在不同工作点位置，比例阀控制输入到摆动缸位移的传递函数可统一表示为：

$$G(s) = \frac{k_0 \omega_p^2}{s(s^2 + 2\xi_p \omega_p s + \omega_p^2)} \qquad (3-26)$$

式中　k_0——速度增益；

　　　ω_p——二阶振荡环节的自然振荡频率，rad/s；

　　　ξ_p——二阶振荡环节的阻尼比。

3.4.4　基于 AMESim 线性工具的阀控缸机构特性分析

本节应用 AMESim 线性工具建立局部线性化模型，分析阀控摆动缸系统工作参数和摆动缸参数对系统特性的影响，其中工作参数包括工作点位置、负载以及气源压力，摆动缸参数包括死区体积和泄漏量。没有特别说明时，参数设置同上。

3.4.4.1　工作参数对系统特性的影响

A　工作点位置的影响

继续 3.4.3.3 节的分析，改变摆动缸的给定转角位置，得到不同位置时的系统特性，见表 3-2。可以得出：在中位处，自然振荡频率最小，阻尼比最大；越靠近端位，自然振荡频率越大，阻尼比越小；在与中位对称的两个位置处频率和阻尼比相同，即系统特性相同。

表 3-2　不同位置系统特征参数

位　　置	自然振荡频率/rad·s⁻¹	阻　尼　比
20°/250°	70.0	0.14
50°/220°	52.69	0.18
135°	42.74	0.22

B　供气压力的影响

改变气源供气压力分析系统特性，结果见表 3-3。可以得出：气源压力增大，自然振荡频率增大，而阻尼比减小。在 3.1.2 节的试验研究中，闭环系统响应频率较小，系统响应没有受到气源压力变化引起的自然振荡频率变化的影响。

表 3-3　不同供气压力下系统特征参数

气源压力/MPa	自然振荡频率/rad·s^{-1}	阻尼比
0.3	33.06	0.30
0.4	37.97	0.25
0.5	42.33	0.22

C　负载大小的影响

不同负载转动惯量时系统特性分析结果见表 3-4。可以得出，负载质量越大，自然振荡频率和阻尼比越小，系统特性越差。这与 3.1.2 节分析结果一致。

表 3-4　不同负载下系统特征参数

转动惯量 J/kg·cm^2	自然振荡频率/rad·s^{-1}	阻尼比
50	80.44	0.38
100	56.86	0.28
200	40.17	0.21

3.4.4.2　气缸参数对系统特性的影响

A　死区体积的影响

改变摆动缸两腔的死区体积，系统特性分析结果见表 3-5。从表 3-5 得出：随着死区体积的增加，自然振荡频率减小，阻尼比增大。该结论可作为比例阀与摆动缸之间连接管道设计的依据和参考。

表 3-5　不同死区体积时系统特征参数

死区体积/cm^3	自然振荡频率/rad·s^{-1}	阻尼比
5	43.64	0.21
12.25	42.74	0.22
50	38.82	0.24
500	21.98	0.40

B　泄漏量的影响

不同摆动缸泄漏量时的系统特性见表 3-6。可以得出：随着泄漏量的增加，自然振荡频率略有增大，阻尼比增大较快，速度增益减小。因此，当摆动缸存在泄漏且泄漏量较大时，系统响应速度很慢，泄漏量达到一定程度，两腔压力相同，摆动缸基本无法运行。

表 3 – 6　不同泄漏量时系统特征参数

泄漏系数/$g \cdot (s \cdot Pa)^{-1}$	自然振荡频率/$rad \cdot s^{-1}$	阻尼比	速度增益
0	42.74	0.22	0.060
2×10^5	47.74	0.47	0.048
5×10^5	54.38	0.78	0.037

3.5　本章小结

　　本章介绍了建立气动阀控缸动力机构局部线性化模型的两种方法，即工作点线性化理论推导法和基于 AMESim 线性工具的仿真分析法。两种方法各有优缺点，总结如下。

　　（1）工作点线性化理论推导法。将气缸两腔压力的非线性微分方程在工作点按一阶泰勒级数展开，得到工作点近似线性化表达式，结合运动方程，得到阀控缸机构的四阶线性模型。优点：模型物理概念明确，可直接用于系统特性的定性分析；可以直接计算模型参数，虽然推导过程复杂，但应用简单。缺点：1）模型参数较多且参数值存在误差，计算公式中需要非线性系统的准确参数值，有些参数需要试验测量获取，如黏性摩擦系数、比例阀开口有效面积的零位值及零位的导数值，有些参数通过估算得到，如死区体积、环境温度等，而估算或者测量都会有误差；2）模型推导过程的大量近似和简化也引起模型误差，非线性模型本身建立过程存在大量的近似和简化。

　　（2）基于 AMESim 线性工具的仿真分析法。在 AMESim 环境中，建立阀控缸闭环控制系统的仿真模型，通过对状态变量的合理设置，应用线性分析工具得到阀控缸在稳态工作点的线性模型。优点：1）在 AMESim 中很容易搭建系统的非线性数学模型，分析方法简单，容易实现，工作量小；2）在非线性模型参数准确的基础上，分析得到的线性模型参数比较准确；3）仿真中可以排除实际系统的一些因素，如除黏性摩擦力外的摩擦力。缺点：1）对非线性模型参数的准确性要求较高；2）分析结果得到系统的高阶模型，阶次太高，不方便应用，虽然经过零点和极点相消可得到简单的降阶模型，但仅能反映输入到输出的动态特性，不能反映内部状态特性。

本章还通过仿真和试验研究了气动位置伺服系统的特性，并基于上述各种方法建立的线性化模型，对系统特性进行了分析，得出以下几点结论：

（1）工作点位置、负载大小和两腔初始压力对系统特性有较大影响。控制器设计时，必须考虑不同负载下和摆动气缸行程范围内不同位置系统特性的差异。系统特性分析和控制策略研究时，采用周期性的方波信号或阶梯信号，而不采用阶跃信号，这样才能真正了解系统实际运行时的特性。

（2）采用积分控制，系统在稳态值附近会出现"粘滑振荡"现象。因此，不能依靠积分控制来消除系统的稳态误差，需要通过其他方法来提高系统的控制精度。

（3）由于稳态值附近两腔压力动态过程较慢以及摩擦力矩的非线性特性，系统会出现"位移波动"现象。该现象严重影响了系统的定位精度，在控制策略研究时需要考虑对"位移波动"现象的抑制。

（4）摩擦力不仅引起了系统的稳态误差，也是系统产生期望值附近的"粘滑振荡"现象和动态过程的"台肩"现象的主要因素。

（5）比例流量阀放大系数随控制量变化的非线性特性，严重影响了系统的动态特性和稳态精度，采用输入输出线性化的非线性补偿方法，可以使比例阀的有效面积与控制量呈线性关系，克服了比例阀非线性特性的影响。

参 考 文 献

[1] 柏艳红，李小宁. 摆动气缸位置伺服系统特性试验研究 [J]. 南京理工大学学报，2008，32（1）：28～32.

[2] 陈维山，赵杰. 机电系统计算机控制 [M]. 哈尔滨：哈尔滨工业大学出版社，1999.

[3] 柏艳红，李小宁. 摆动气缸位置伺服系统带摩擦力补偿的双环控制策略研究 [J]. 南京理工大学学报, 2006 (2): 216~222.

[4] 柏艳红，李小宁. 基于比例流量阀的气动位置伺服系统的一种非线性补偿方法 [J]. 液压与气动, 2007 (7): 52~54.

[5] 罗天洪，尹信贤，吴韩，等. 基于 AMESim 的高空作业车调平系统仿真 [J]. 计算机集成制造系统, 2012, 18 (1): 118~124.

[6] 柏艳红，陈聪，孙志毅. 基于 AMESim 的电液阀控缸系统线性化分析 [J]. 系统仿真学报, 2014, 26 (7): 1430~1434.

[7] 陈聪，孙志毅，柏艳红. 基于 AMESim 的气动阀控缸系统特性研究 [J]. 机床与液压, 2014, 42 (19): 34~37.

4 气动位置伺服系统的状态反馈控制

第 3 章介绍了建立气动阀控缸动力机构局部线性化模型的工作点线性化理论推导法和基于 AMESim 线性工具的仿真分析法。工作点线性化理论推导法得到的阀控缸模型是以两腔压力、位移和速度为状态变量的四阶模型，物理概念明确，但参数计算复杂，有些参数难以准确获取；基于 AMESim 线性工具的仿真分析法得到系统的高阶模型，虽然零极点相消降阶处理后模型为三阶，但物理概念不明确，无法直接用于状态反馈控制。

本章首先介绍另外一种阀控缸动力机构建模方法——基于"灰匣子"的系统辨识法，所建模型以两腔压力差、位移和速度为状态变量，模型物理概念明确、阶次低。基于该模型，讨论气动位置状态反馈控制系统的性能，包括基本状态反馈控制、改进的状态反馈控制、带摩擦力补偿的位置压力双闭环控制和单神经元自适应状态反馈控制。

4.1 基于"灰匣子"的阀控缸系统辨识建模及特性分析

比例阀控缸系统是一个非线性系统，可以根据系统的线性化数学模型，采用成熟的线性系统理论，对其进行系统特性分析和控制器设计。为了便于分析系统特性和设计控制器，希望模型的阶次越低越好，一般认为气动伺服系统为三阶系统。3.2 节采用工作点线性化方法建立了比例流量阀控缸系统的四阶线性化模型，虽然通过降阶处理或零极点对消，可以得到系统的近似三阶模型，但压力差这一重要状态变量无法在降阶后的状态空间模型中明确表示。

采用基于"黑匣子"的系统辨识法也是常用的一种线性模型建立方法[1]，但由于比例流量阀控缸系统的非线性特性，特别是摩擦力特性的影响，用于辨识的数据中含有较多的非线性信息，所建线性模型与实际系统的误差较大。

依据气缸两腔压力差动态过程与摩擦力无关的特点，将压力差动态过程近似线性化方程与运动方程相结合，构成三阶状态空间模型，采用闭环定位辨识的方法确定模型中的参数，这种基于"灰匣子"的系统辨识法，可以避开摩擦力非线性特性的影响[2]。本节以比例流量阀控摆动缸为例详细介绍该方法。

4.1.1　模型结构

从非线性状态方程式（2-41）看，比例流量阀控缸气动位置伺服系统有四个状态变量，为四阶系统。但由运动方程可知，系统的运动过程由气缸两腔的压力差来控制，气缸两腔的压力是有关联的，不是独立状态。将两腔压力差的动态过程近似线性化，线性化的压力差微分方程与运动方程相结合，可构成系统的近似线性三阶状态空间模型。

由式（2-41）可知，气缸两腔压力动态过程仅与位置、转速和控制量有关，与摩擦力无关，因此，两腔压力差动态过程的线性化不受摩擦力这一非线性因素的影响。

此外，比例流量阀的开口有效面积与控制量的静态非线性关系影响线性化的压力差微分方程的准确性。为了补偿比例流量阀的非线性特性，将3.3节提出的比例阀非线性特性补偿环节和比例流量阀控缸机构看做一个整体，其输入为控制器输出。

对于比例流量阀控摆动缸系统，设工作点为 $\theta = \theta_0$，$\Delta p = 0$，$u = 0$ 和 $\dot\theta = 0$，将工作点作为原点，在工作点附近摆动缸两腔压力差动态过程线性化方程可表示为：

$$\dot{\Delta p} = -k_{\Delta p}\Delta p - k_\omega\dot\theta + k_u u \tag{4-1}$$

其中
$$\Delta p = p_1 - p_2$$

式中　　$k_{\Delta p}$——压力差动态过程时间常数；

　　　　k_ω——速度系数；

　　　　k_u——控制量系数。

将式（4-1）与运动方程式（3-1）相结合，得系统在工作点附近的线性化状态空间模型为：

$$\begin{bmatrix} \dot{\theta} \\ \ddot{\theta} \\ \Delta\dot{p} \end{bmatrix} = \begin{bmatrix} 0 & 1 & 0 \\ 0 & -\dfrac{\beta}{J} & \dfrac{Z}{J} \\ 0 & -k_\omega & -k_{\Delta p} \end{bmatrix} \begin{bmatrix} \theta \\ \dot{\theta} \\ \Delta p \end{bmatrix} + \begin{bmatrix} 0 \\ 0 \\ k_u \end{bmatrix} u + \begin{bmatrix} 0 \\ -\dfrac{M_f}{J} \\ 0 \end{bmatrix} \quad (4-2)$$

4.1.2 模型参数的辨识

摆动缸两腔压力差动态过程线性化方程式（4-1）中的参数 $k_{\Delta p}$、k_ω 和 k_u，需要通过系统辨识的方法来确定。

4.1.2.1 参数的最小二乘估计算法

将式（4-1）写成如下最小二乘格式[3]：

$$z(k) = \boldsymbol{h}^T(k)\boldsymbol{K} + n(k) \quad (4-3)$$

其中

$$\begin{cases} z(k) = \Delta\dot{p}(k) \\ \boldsymbol{h}(k) = \begin{bmatrix} -\Delta p(k) & -\dot{\theta}(k) & u(k) \end{bmatrix}^T \\ \boldsymbol{K} = \begin{bmatrix} k_{\Delta p} & k_\omega & k_u \end{bmatrix}^T \end{cases} \quad (4-4)$$

式中，$\Delta\dot{p}(k)$、$\Delta p(k)$ 和 $\dot{\theta}(k)$ 为观测数据；$n(k)$ 为均值为零的随机噪声。

对于 $k = 1, 2, \cdots, L$，方程式（4-3）构成一个线性方程组，可写成

$$z_L = \boldsymbol{H}_L\boldsymbol{K} + \boldsymbol{n}_L \quad (4-5)$$

其中

$$z_L = [z(1), z(2), \cdots, z(L)]^T$$

$$\boldsymbol{n}_L = [n(1), n(2), \cdots, n(L)]^T$$

$$\boldsymbol{H}_L = \begin{bmatrix} \boldsymbol{h}^T(1) \\ \boldsymbol{h}^T(2) \\ \vdots \\ \boldsymbol{h}^T(L) \end{bmatrix} = \begin{bmatrix} -\Delta p(1) & -\dot{\theta}(1) & u(1) \\ -\Delta p(2) & -\dot{\theta}(2) & u(2) \\ \vdots & \vdots & \vdots \\ -\Delta p(L) & -\dot{\theta}(L) & u(L) \end{bmatrix}$$

根据最小二乘法，取准则函数

$$J(\boldsymbol{K}) = \sum_{k=1}^{L} \left[z(k) - \boldsymbol{h}^T(k)\boldsymbol{K} \right]^2 \quad (4-6)$$

得参数 K 的最小二乘估计算法为：

$$\hat{K}_{LS} = (H_L^T H_L)^{-1} H_L^T z_L \tag{4-7}$$

4.1.2.2　数据预处理

两腔压力差 Δp 和转角位置 θ 由试验测得，$\Delta \dot{p}$ 和 $\dot{\theta}$ 经 Δp 和 θ 的差分计算得出，即

$$\Delta \dot{p}(k) = \frac{\Delta p(k+1) - \Delta p(k)}{T_s} \tag{4-8}$$

$$\dot{\theta}(k) = \frac{\theta(k+1) - \theta(k)}{T_s} \tag{4-9}$$

式中，T_s 表示采样周期。

压力信号为模拟信号，采用巴特沃兹低通数字滤波器对其进行滤波处理。另外，应用最小二乘法时，需要去除数据 $\Delta \dot{p}(k)$、$\Delta p(k)$、$\Delta \dot{\theta}(k)$ 和 $u(k)$ 中的趋势项。利用 Matlab 信号处理工具箱中的 detrend（）、filtfilt（）、buttord（）、butter（）等函数，可以方便地进行以上数据处理。

4.1.3　辨识数据的获取过程

由于比例流量阀控缸系统有一个积分环节，是开环不稳定系统，故采用闭环方法获取数据，闭环数据获取框图如图 4-1 所示。

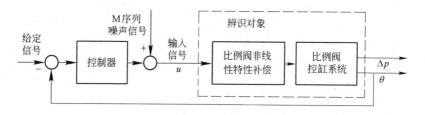

图 4-1　闭环数据获取框图

在图 4-1 中，将比例阀非线性特性补偿环节和比例流量阀控摆动气缸系统看做一个整体，作为辨识对象；输入信号为控制器输出与噪声信号的叠加。

M 序列是二进制伪随机码序列（PRBS）的一种形式，具有近似白噪声的性质，是一种很好的辨识输入信号，因此选用 M 序列作输

入噪声信号。

摆动气缸不同位置系统特性不同,针对这一特点,采用定位辨识法,即首先通过闭环控制使系统工作在某一位置,然后加入噪声信号,则系统在工作点位置附近运行,从而可以获取工作点附近的信息。改变工作点位置便可得到不同工作点附近的数据信息。

图 4 - 2 所示为负载 J 为 176.78 kg·cm^2、工作点位置 θ_0 为 135° (2.356 rad) 时获得的辨识数据的部分截取。由图 4 - 2 可以看出,位置 θ、压力差 Δp 和控制量 u 在工作点($\theta_0 = 2.356\text{rad}, \Delta p = 0, u = 0$)附近变化。因此,采用这些辨识数据得到的数学模型反映了系统在该工作点附近的动态特征。

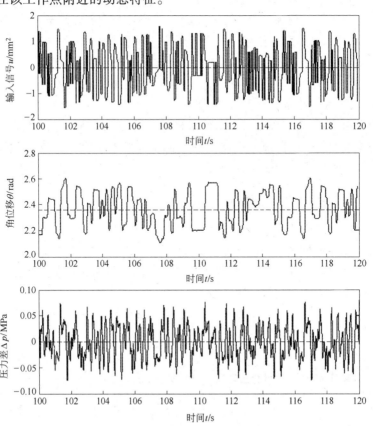

图 4 - 2　辨识数据部分截取（$J = 176.78\text{kg·cm}^2$, $\theta_0 = 135°$）

4.1.4 辨识实例及模型有效性验证

在摆动气缸位置伺服系统研究平台上，试验获取负载为 $J =$ 176.78 kg·cm^2，工作点位置 θ_0 为 135°的数据信息。数据获取过程的试验条件为：采样周期和供气压力为系统实际工作时的值，$p_s =$ 0.51 MPa（绝对压力），$T_s = 10$ ms；M 序列的幅值取 0.8 mm^2，级数为 8，时钟周期为 60ms；控制器采用比例控制，比例系数为 3mm^2/rad。部分辨识数据如图 4-2 所示。根据 4.1.2 节介绍的参数辨识算法，得压力差时间常数 $k_{\Delta p}$、速度系数 k_ω、控制量系数 k_u 分别为 2.15，335013 和 600521。

以所得负载为 176.78 kg·cm^2、工作点位置 θ_0 为 135°的线性模型为例，验证模型结构（式（4-2））和参数辨识方法的有效性。图 4-3 所示为系统跟踪正弦信号的仿真和试验曲线。仿真和试验条件为：供气压力为 0.51MPa（绝对压力），控制器比例系数为 3 mm^2/rad，正弦信号幅值为 25°，周期为 4s。

由图 4-3 可以看出，角位移和压力差的仿真曲线与试验曲线都基本一致，说明所建立的线性模型能够反映系统特征，线性化模型结构和参数辨识方法是合理的。

4.1.5 阀控缸动力机构特性分析

根据压力差动态过程线性化方程式（4-1）与运动方程式（3-1），画出比例流量阀控摆动缸系统的方块图，如图 4-4 所示。

由图 4-4 可得以控制量 u 为输入、以角位移 θ 为输出的比例流量阀控摆动缸系统的传递函数为：

$$G(s) = \frac{\Theta(s)}{E(s)} = \frac{Zk_u}{s[Js^2 + (Jk_{\Delta p} + \beta)s + \beta k_{\Delta p} + Zk_\omega]}$$

$$(4-10)$$

将其表示为标准形式：

$$G(s) = \frac{k_0}{s\left(\dfrac{s^2}{\omega_0^2} + \dfrac{2\xi_0}{\omega_0}s + 1\right)}$$

$$(4-11)$$

式中　k_0——速度增益；

　　　ω_0——二阶振荡环节的自然振荡频率；

　　　ξ_0——二阶振荡环节的阻尼比。

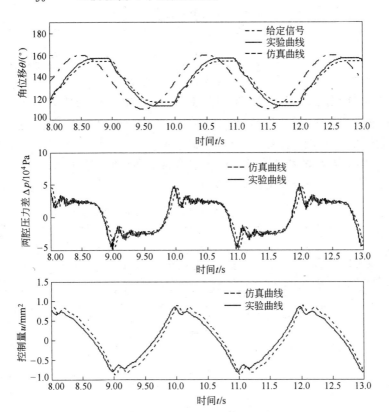

图4-3　仿真和试验结果对比

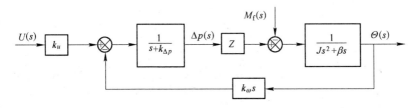

图4-4　比例流量阀控摆动缸系统方块图

k_0、ω_0、ξ_0 分别表示为：

$$k_0 = \frac{Zk_u}{\beta k_{\Delta p} + Zk_\omega} \qquad (4-12)$$

$$\omega_0 = \sqrt{\frac{\beta k_{\Delta p} + Zk_\omega}{J}} \qquad (4-13)$$

$$\xi_0 = \frac{Jk_{\Delta p} + \beta}{2\sqrt{J(\beta k_{\Delta p} + Zk_\omega)}} \qquad (4-14)$$

采用上述辨识方法，得阀控摆动缸系统在不同负载下、不同位置处多个工作点的线性化模型参数值，包括压力差时间常数 $k_{\Delta p}$、速度系数 k_ω、控制量系数 k_u，并根据式（4-12）~式（4-14）算出不同工作点系统的特征参数，包括二阶振荡环节的阻尼比 ξ_0、自然振荡频率 ω_0 以及速度增益 k_0，见表 4-1 ~ 表 4-6。

表 4-1   惯性负载 $J = 48.78\ \text{kg} \cdot \text{cm}^2$，不同位置系统特征参数

位置 $\theta_0/(°)$	$k_{\Delta p}$	k_ω	k_u	ξ_0	ω_0	k_0
20	8.72	391969	940783	0.447	78.5	2.19
50	4.46	350217	739144	0.463	72.8	2.0
135	2.49	298975	583985	0.48	66.7	1.89
220	4.84	356042	782518	0.451	73.5	2.08
250	9.32	400326	1037536	0.446	79.5	2.36

表 4-2   惯性负载 $J = 80.78\ \text{kg} \cdot \text{cm}^2$，不同位置系统特征参数

位置 $\theta_0/(°)$	$k_{\Delta p}$	k_ω	k_u	ξ_0	ω_0	k_0
20	8.54	430950	904477	0.359	63.7	1.93
50	4.24	375065	733667	0.354	58.4	1.866
135	2.31	301676	573750	0.38	52	1.84
220	4.34	372397	766194	0.356	58.2	1.96
250	8.26	447259	1027878	0.351	64.7	2.13

表 4-3 惯性负载 $J = 112.78 \text{ kg} \cdot \text{cm}^2$，不同位置系统特征参数

位置 $\theta_0/(°)$	$k_{\Delta p}$	k_ω	k_u	ξ_0	ω_0	k_0
20	6.17	498608	978116	0.287	57.1	1.86
50	3.33	406932	748648	0.293	51.1	1.78
135	2.13	327404	587799	0.314	45.7	1.745
220	3.81	418118	810808	0.293	51.9	1.87
250	7.43	514953	1105999	0.292	58.3	2.023

表 4-4 惯性负载 $J = 176.78 \text{ kg} \cdot \text{cm}^2$，不同位置系统特征参数

位置 $\theta_0/(°)$	$k_{\Delta p}$	k_ω	k_u	ξ_0	ω_0	k_0
20	6.69	557271	1017162	0.246	48.2	1.74
50	3.36	430782	767042	0.242	42	1.723
135	2.15	335013	600521	0.259	36.9	1.74
220	3.66	450827	833548	0.24	43	1.79
250	6.62	604131	1136686	0.236	50	1.8

表 4-5 惯性负载 $J = 227.98 \text{ kg} \cdot \text{cm}^2$，不同位置系统特征参数

位置 $\theta_0/(°)$	$k_{\Delta p}$	k_ω	k_u	ξ_0	ω_0	k_0
20	7.63	579146	1013869	0.24	43.3	1.66
50	4.145	438771	762074	0.231	37.4	1.67
135	2.396	334636	592012	0.23	32.5	1.72
220	4.03	442344	789149	0.229	37.6	1.72
250	6.807	599273	1084171	0.227	43.9	1.73

表 4-6 同一位置（135°），不同惯性负载时辨识结果

$J/\text{kg} \cdot \text{cm}^2$	$k_{\Delta p}$	k_ω	k_u	ξ_0	ω_0	k_0
48.78	2.49	298975	583985	0.48	66.7	1.89
80.78	2.31	301676	573750	0.38	52	1.84
112.78	2.13	327404	587799	0.314	45.7	1.745
176.78	2.15	335013	600521	0.259	36.9	1.74
227.98	2.39	334636	592012	0.23	32.5	1.72

根据辨识结果，可以得出系统具有以下特点：

（1）同一负载下，在中位 135°处，$k_{\Delta p}$、k_ω 和 k_u 最小，二阶振荡环节的自然振荡频率 ω_0 最小，阻尼比最大；越靠近端位，$k_{\Delta p}$、k_ω 和 k_u 越大，ξ_0 越小，ω_0 越大；在与中位对称位置，如 50° 和 220° 处，$k_{\Delta p}$、k_ω 和 k_u 基本相等，ξ_0 和 ω_0 也基本相同；进一步证明了与中位对称的两个位置系统特性相同这一结论的正确性。速度增益 k_0 随位置变化不大。因此得出，越靠近中位，系统的特性越差。

（2）$k_{\Delta p}$、k_ω 和 k_u 受负载影响不大，不同负载下，同一位置，$k_{\Delta p}$、k_ω 和 k_u 基本相同。

（3）同一位置，负载越大，二阶振荡环节的阻尼比 ξ_0 和自然振荡频率 ω_0 越小，速度增益 k_0 基本不变。因此得出，负载越大，系统的特性越差。

4.2 气动位置伺服系统基本状态反馈控制

4.2.1 气动位置伺服系统基本闭环反馈控制

在比例流量阀控摆动缸系统的方块图（图 4-4）基础上，增加基本闭环反馈控制，构成采用比例控制的比例流量阀控摆动缸闭环系统，如图 4-5 所示。

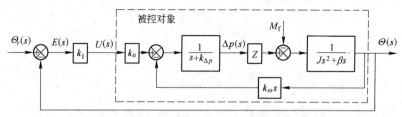

图 4-5 闭环系统方块图

由图 4-5 可以看出，闭环系统的开环传递函数形式与被控对象阀控缸的传递函数相同，仅仅是开环增益 k_0 不同，仍用式（4-11）~式（4-14）表示，其中开环增益改为：

$$k_0 = \frac{Zk_uk_1}{\beta k_{\Delta p} + Zk_\omega} \qquad (4-15)$$

由图 4-5 可得，在给定输入信号和摩擦力干扰的共同作用下系统输出为：

$$\Theta(s) = \frac{Zk_u k_1 \Theta_r(s) - (s + k_{\Delta p}) M_f(s)}{Js^3 + (\beta + Jk_{\Delta p})s^2 + (\beta k_{\Delta p} + Zk_\omega)s + Zk_u k_1}$$

$$(4-16)$$

由式 (4-16) 可得，由摩擦力干扰引起的系统稳态误差为：

$$e_s = \lim_{s \to 0} \frac{(s + k_{\Delta p}) M_f}{Js^3 + (\beta + Jk_{\Delta p})s^2 + (\beta k_{\Delta p} + Zk_\omega)s + Zk_u k_1} = \frac{k_{\Delta p} M_f}{Zk_u k_1}$$

$$(4-17)$$

对于式 (4-11) 所表示的三阶系统，当二阶振荡环节的阻尼比和自然振荡频率较大时，调节开环增益，可以满足较小的响应时间和稳态误差要求；当系统的阻尼比和自然振荡频率较小时，要保证有较大的幅值余量和相位余量则比较难，除非降低响应速度和系统精度，使开环增益压得很低。通常，气动位置伺服系统中二阶振荡环节的阻尼比和自然振荡频率较小，因此，单纯依靠提高开环增益无法获得满意的性能，要获得高性能的稳态和动态特性，需要加校正装置[4]。

4.2.2 压力差反馈校正理论分析

压力差为系统的一个内部状态变量，压力差反馈回路的构成如图 4-6 所示。

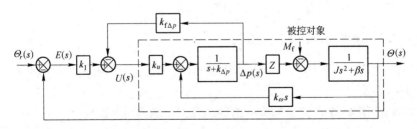

图 4-6 带压力差反馈的系统方块图

由图 4-6 可得带压力差反馈后系统的开环传递函数为：

$$G'(s) = \frac{\Theta(s)}{E(s)} = \frac{k'_0}{s\left(\dfrac{s^2}{\omega'^2_0} + \dfrac{2\xi'_0}{\omega'_0}s + 1\right)} \qquad (4-18)$$

式中

$$k'_0 = \frac{Zk_u k_1}{\beta k_{\Delta p} + \beta k_u k_{f\Delta p} + Zk_\omega} \qquad (4-19)$$

$$\omega'_0 = \sqrt{\frac{\beta k_{\Delta p} + \beta k_u k_{f\Delta p} + Zk_\omega}{J}} \qquad (4-20)$$

$$\xi'_0 = \frac{Jk_{\Delta p} + Jk_u k_{f\Delta p} + \beta}{2\sqrt{J(\beta k_{\Delta p} + \beta k_u k_{f\Delta p} + Zk_\omega)}} \qquad (4-21)$$

其中,$k_{f\Delta p}$ 为压力差反馈系数。

由图 4 - 6 可得, 在输入信号和摩擦力干扰的共同作用下, 系统输出为:

$$\Theta(s) =$$

$$\frac{Zk_u k_1 \Theta_r(s) - (s + k_{\Delta p} + k_u k_{f\Delta p})M_f(s)}{Js^3 + (\beta + Jk_{\Delta p} + Jk_u k_{f\Delta p})s^2 + (\beta k_{\Delta p} + \beta k_u k_{f\Delta p} + Zk_\omega)s + Zk_u k_1}$$

$$(4-22)$$

由式 (4 - 22) 可得, 由摩擦力引起的系统稳态误差为:

$$e_s = \frac{(k_{\Delta p} + k_u k_{f\Delta p})M_f}{Zk_u k_1} \qquad (4-23)$$

由式 (4 - 19) ~ 式 (4 - 23) 可知, 采用压力差反馈, 可以提高系统开环二阶振荡环节的自然频率, 调节阻尼比, 但系统开环增益减小, 稳态误差增大, 系统刚度变差。

4.2.3 · 速度反馈校正理论分析

速度是系统的另一个内部状态变量, 速度反馈回路的构成如图 4 - 7 所示。

由图 4 - 7 可得带速度反馈后系统的开环传递函数为:

$$G''(s) = \frac{\Theta(s)}{E(s)} = \frac{k''_0}{s\left(\dfrac{s^2}{\omega''^2_0} + \dfrac{2\xi''_0}{\omega''_0}s + 1\right)} \qquad (4-24)$$

其中

$$k''_0 = \frac{Zk_uk_1}{\beta k_{\Delta p} + Zk_\omega + Zk_uk_{f\omega}} \qquad (4-25)$$

$$\omega''_0 = \sqrt{\frac{\beta k_{\Delta p} + Zk_\omega + Zk_uk_{f\omega}}{J}} \qquad (4-26)$$

$$\xi''_0 = \frac{Jk_{\Delta p} + \beta}{2\sqrt{J(\beta k_{\Delta p} + Zk_\omega + Zk_uk_{f\omega})}} \qquad (4-27)$$

式中，$k_{f\omega}$ 为速度反馈系数。

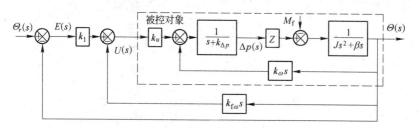

图 4-7 带压力差反馈的系统方块图

在输入信号和摩擦力矩干扰的共同作用下，系统输出为：

$$\Theta(s) = \frac{Zk_uk_1\Theta_r(s) - (s + k_{\Delta p})M_f(s)}{Js^3 + (\beta + Jk_{\Delta p})s^2 + (\beta k_{\Delta p} + Zk_\omega + Zk_uk_{f\omega})s + Zk_uk_1} \qquad (4-28)$$

由式（4-28）可得，由摩擦力矩引起的稳态误差为：

$$e_s = \frac{k_{\Delta p}M_f}{Zk_uk_1} \qquad (4-29)$$

由式（4-25）~式（4-29）可知，采用速度反馈校正，可以提高系统开环二阶振荡环节的自然频率，但减小了阻尼比，且系统开环增益减小。

4.3 气动位置伺服系统改进的状态反馈控制

以上分析得知，状态压力差的反馈会使系统稳态误差增大。加速度反馈虽然可以改善系统的动态特性，但由于加速度需通过位移的两次差分得到，会引入较大的噪声，甚至引起系统振动。文献［5］提出了采用速度反馈和压力差微分反馈校正的方法来改善系统的性能。

4.3.1 位置、速度和压力差微分反馈控制

4.3.1.1 速度和压力差微分反馈校正理论分析

采用速度反馈和压力差微分反馈校正的系统方块图如图4-8所示。

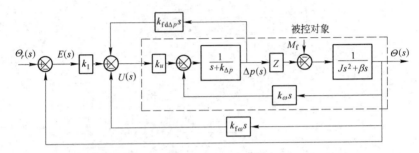

图4-8 带速度和压力差微分反馈的系统方块图

由图4-8可得系统的开环传递函数为：

$$G'''(s) = \frac{\Theta(s)}{E(s)} = \frac{k'''_0}{s\left(\dfrac{s^2}{\omega'''_0{}^2} + \dfrac{2\xi'''_0}{\omega'''_0}s + 1\right)} \quad (4-30)$$

其中

$$k'''_0 = \frac{Zk_u k_1}{\beta k_{\Delta p} + Zk_\omega + Zk_u k_{f\omega}} \quad (4-31)$$

$$\omega'''_0 = \sqrt{\frac{\beta k_{\Delta p} + Zk_\omega + Zk_u k_{f\omega}}{J(1 + k_u k_{fd\Delta p})}} \quad (4-32)$$

$$\xi'''_0 = \frac{Jk_{\Delta p} + \beta(1 + k_u k_{fd\Delta p})}{2\sqrt{J(\beta k_{\Delta p} + Zk_\omega + Zk_u k_{f\omega})(1 + k_u k_{fd\Delta p})}} \quad (4-33)$$

式中，$k_{fd\Delta p}$ 为压力差微分反馈系数。

在输入信号和摩擦力干扰的共同作用下，系统输出为：

$$\Theta(s) =$$

$$\frac{Zk_u k_1 \Theta_r(s) - \left[(1 + k_u k_{fd\Delta p})s + k_{\Delta p}\right]M_f(s)}{J(1 + k_u k_{fd\Delta p})s^3 + (\beta + \beta k_u k_{fd\Delta p} + Jk_{\Delta p})s^2 + (\beta k_{\Delta p} + Zk_\omega + Zk_u k_{f\omega})s + Zk_u k_1}$$

$$(4-34)$$

由式（4-34）可得，由摩擦力引起的稳态误差为：

$$e_s = \frac{k_{\Delta p} M_f}{Z k_u k_1} \qquad (4-35)$$

由式（4-30）~式（4-35）可知，采用速度和压力差微分反馈校正，可以调节开环二阶振荡环节的自然振荡频率和阻尼比，改善系统动态性能，而且系统稳态误差不变，克服了压力差反馈增大系统稳态误差的缺点。

4.3.1.2 速度和压力差微分反馈校正的机理分析

下面从系统的实际动态响应过程分析采用速度和压力差微分反馈校正的作用。图4-9所示为负载 $J = 227.98 \mathrm{kg} \cdot \mathrm{cm}^2$、控制器的比例系数为 $2.5 \mathrm{mm}^2/\mathrm{rad}$ 的方波响应动态过程。

在图4-9中，根据压力差的上升下降，将动态过程分为五个区段。第Ⅰ段，控制量较大，在控制量作用下，压力差上升，当压力差上升到足以克服静摩擦力矩后，系统启动并加速。第Ⅱ段，虽然控制量仍然大于零，但由于速度较大，压力差开始下降直至变负，系统经历加速、减速，直到速度较低。第Ⅲ段，速度较小，在控制量作用下压力差开始上升，但由于压力差值小，在摩擦力作用下，系统仍然减速，直至停止运动；然后，随着压力差的增大，速度逐渐上升。第Ⅳ段，速度上升到一定值后，压力差又开始下降，与第Ⅱ段过程相同。如此反复，直至系统趋近期望值，控制量很小，速度不会太大，系统逐渐进入稳态，即第Ⅴ段。

由以上分析可以得出，当速度较低时，压力差主要受控制量控制；当速度较高时，速度对压力差的作用超过控制量。可见，压力差这一中间状态控制着系统的运动过程，而压力差并非仅仅受控制量的制约，速度也是影响压力差动态特性的主要因素。因此，考虑采用速度反馈和压力差微分反馈校正来改善系统动态特性。

4.3.1.3 位置、速度和压力差微分反馈控制算法

位置、速度和压力差微分反馈控制算法（PVDDP）可表示为：

$$u(t) = k_1 e(t) - k_{f\omega} \dot{\theta}(t) - k_{fd\Delta p} \mathrm{d}\Delta p(t) \qquad (4-36)$$

式中　e——给定值位移与实际位移之间的误差；

Δp——两腔压力差；

$d\Delta p$——压力差的微分；

$\dot{\theta}$——角速度。

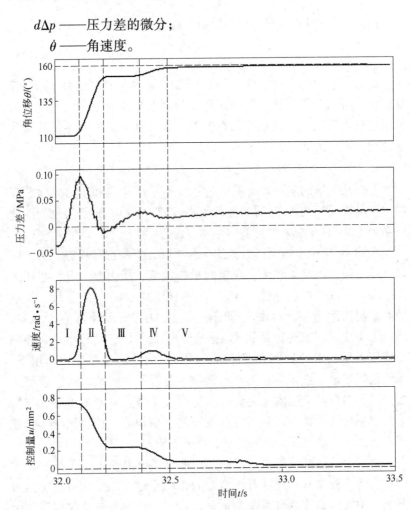

图 4 - 9　比例控制下方波响应动态过程

图 4 -10 所示为采用 PVDDP 控制，并结合比例阀非线性特性补偿的系统框图。

4.3.2　位置、速度和压力差微分反馈控制器参数确定

4.3.2.1　兼顾摩擦力干扰抑制的比例增益设计

在控制系统中，系统的动态特性和稳态精度永远是一对矛盾。

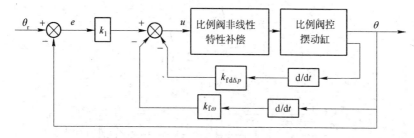

图 4 – 10 采用 PVDDP 控制的控制系统框图

为了减小摩擦力矩引起的稳态误差，而又不影响系统的动态特性，在 PVDDP 控制器中，适当提高小误差范围的比例系数，即

$$k'_1 = \begin{cases} k_1 & |e(t)| > e_0 \\ \lambda k_1 & |e(t)| \leqslant e_0 \end{cases} \tag{4 – 37}$$

式中 k'_1——PVDDP 控制器的比例系数；

   e_0——增益切换误差值；

   k_1——大误差范围内控制器的比例系数；

   λ——小误差范围内比例系数的调整系数，$\lambda > 1$。

4.3.2.2 系统响应特性与系统特征参数之间的关系分析

采用 PVDDP 控制的比例流量阀控摆动气缸位置伺服系统的开环传递函数式（4 – 15）与式（4 – 1）形式相同。由式（4 – 1）表示的三阶系统的闭环传递函数可表示为：

$$G_c(s) = \frac{1}{\left(\dfrac{s}{\omega_b} + 1\right)\left(\dfrac{s^2}{\omega_{nc}^2} + \dfrac{2\xi_{nc}}{\omega_{nc}}s + 1\right)} \tag{4 – 38}$$

式中 ω_b——闭环一阶环节的转折频率；

   ω_{nc}——闭环二阶振荡环节的自然振荡频率；

   ξ_{nc}——闭环二阶振荡环节的阻尼比。

通常闭环参数 ω_b、ω_{nc} 和 ξ_{nc} 与开环参数 k_0、ξ_0 和 ω_0 之间的关系不像二阶系统那么明确，没有确定的解析表达式。利用三阶方程系数间的关系，可得闭环参数与开环参数间的无因次关系曲线，如图 4 – 11 ~ 图 4 – 13 所示。当开环参数 ξ_0 和 k_0/ω_0 的值都较小时，可作如下近似[6]：

$$\begin{cases} \omega_{\mathrm{b}} \approx k_0 \\ \xi_{\mathrm{nc}} \approx \xi_0 - \dfrac{1}{2}\left(\dfrac{k_0}{\omega_0}\right) \\ \omega_{\mathrm{nc}} \approx \omega_0 \end{cases} \qquad (4-39)$$

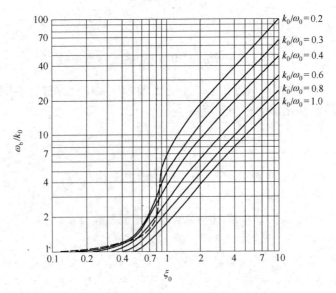

图 4-11 闭环一阶因子转折频率的无因次曲线

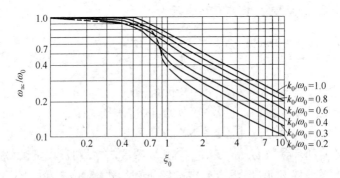

图 4-12 闭环二阶因子固有频率无因次曲线

　　系统的闭环响应特性与闭环特征参数的关系也不像二阶系统那么明确，不但与各参数值有关，还与一阶环节的极点和二阶振荡环

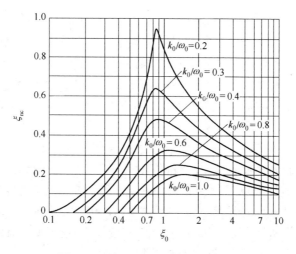

图 4-13 闭环二阶因子的阻尼曲线

节的极点相对位置有关。

由于系统的闭环响应特性与开环二阶振荡环节的参数之间关系复杂，超调量不会仅随开环二阶振荡环节的阻尼比增大而减小，响应速度也不会仅因其自然振荡频率的增大而加快。而 PVDDP 控制器通过调节系统的开环特征参数来改善系统特性，因此，控制器参数的调节比较难。

4.3.2.3 控制器参数确定

确定 PVDDP 控制器的参数时，首先根据工作点的线性模型分析系统的特性，初步设计 PVDDP 控制器参数；然后，通过仿真和试验对控制器参数进一步调节。由于系统的摩擦力非线性、比例阀饱和特性等非线性因素的影响，根据线性化模型理论设计的控制器参数不一定在实际系统中能够获得理想的性能，因此，还需要试验调节。控制器参数的具体调节方法为：首先令压力差反馈系数 $k_{\mathrm{fd}\Delta p}$ 和速度反馈系数 $k_{\mathrm{f}\omega}$ 为零，调节比例系数 k_1；然后调节压力差反馈系数 $k_{\mathrm{fd}\Delta p}$；最后调节速度反馈系数 $k_{\mathrm{f}\omega}$，速度反馈系数可以取负值，这时速度为正反馈。

4.3.3 试验结果

在摆动气缸位置伺服控制试验平台上，对改进的状态反馈控制进行试验研究。由 3.4 节和 4.1 节可知，对于阀控摆动缸位置控制试验系统，在关于中位 135°对称的两个位置，系统特性相同，可以采用相同的控制器，因此，采用中心为 135°的方波信号为给定信号。

在负载转动惯量为 176.78 kg·cm^2，供气压力为 0.51 MPa 的条件下，给定方波信号周期为 8s，幅值为 85°时，确定控制器参数为：$k_1 = 3.2$ mm^2/rad，$k_{f\omega} = -0.01$ mm^2/（rad·s^{-1}），$k_{fd\Delta P} = 0.003$ mm^2/（Pa·s^{-1}）。试验结果曲线如图 4-14 所示。

采用相同的控制器，在相同的试验条件下，方波幅值分别为 80°和 90°的试验结果如图 4-15 和图 4-16 所示。在同样的控制器参数和试验条件下，方波中心为 70°、幅值为 50°的试验结果如图 4-17 所示。改变负载为 227.98 kg·cm^2，控制器参数不变，方波中心为 135°、幅值为 85°的试验结果如图 4-18 所示。

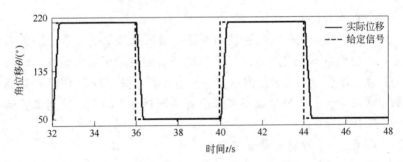

图 4-14　方波响应曲线（方波幅值 85°，中心 135°）

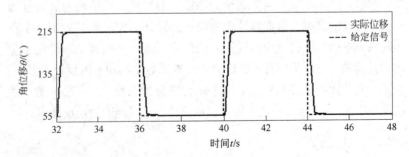

图 4-15　方波响应曲线（方波幅值 80°，中心 135°）

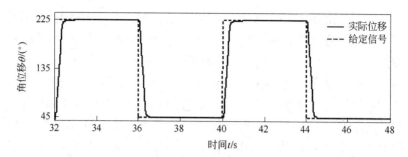

图 4 - 16　方波响应曲线（方波幅值 90°，中心 135°）

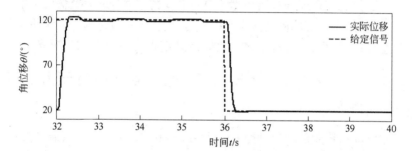

图 4 - 17　方波响应曲线（方波幅值 50°，中心 70°）

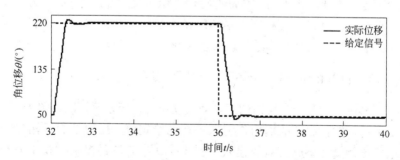

图 4 - 18　方波响应曲线（负载转动惯量 $J = 227.98 \ \mathrm{kg \cdot cm^2}$）

　　由图 4 - 14 ~ 图 4 - 16 可以看出，在工作点位置变化不大时，系统获得了较好的控制性能：稳态误差在 ±0.5° 范围内，系统响应速度快，无超调或超调很小，达到 ±0.5° 误差范围的时间小于 1s。由图 4 - 14 还可以看出，系统进入 ±0.5° 的误差范围后，两腔压力差基本保持不变，有效抑制了稳态值附近的位移波动现象。

　　但是，由图 4 - 17 和图 4 - 18 可以看出，采用同样的控制器，当工作点位置和负载改变时，系统响应特性变差。在图 4 - 17 中，设定位置为 120°时，产生了极限环振荡。在图 4 - 18 中，负载改变后，系统产生了超调和振荡，调节时间变长，达 2s。这是由于比例流量阀控摆动气缸系统是一个非线性系统，其特性与工作点位置和负载大小有关，在不同工作点位置和负载下，系统特性相差较大。PVDDP 控制器根据某一工作点设计，当工作点位置和负载改变时，控制器是参数固定不变的，不能适应这种改变。

　　试验结果表明，改进的位置、速度和压力差微分反馈控制在局部工作点可以获得良好的控制性能，系统响应速度快，无超调或超调很小，稳态偏差小。但是，控制器参数需要根据不同工作点特性进行调节。

4.4　气动位置伺服系统带摩擦力补偿的位置压力双环控制

　　气动执行元件的运动过程由两腔压力差来控制，可以通过控制压力差来控制运动过程，从而改善系统的动态性能。与电机伺服系统中采用电流环来提高系统动态特性类似，文献 [7] 增加压力差反馈控制环，以提高气动伺服系统的动态性能，并采用摩擦力前馈补偿方法解决压力环引起的稳态误差大问题。

4.4.1　位置和压力双环控制气动位置伺服系统

　　采用位置和压力反馈的双闭环气动位置伺服系统框图如图 4 - 19 所示。位置控制环的输出作为压力环的给定值，压力控制器输出为电气比例阀功率放大器的输入。图 4 - 19 中，位置控制器和压力控制器均采用比例算法，比例系数分别为 k_e 和 k_p。

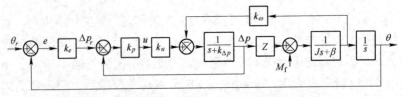

图 4 - 19　位置压力双闭环气动位置伺服系统方块图

由图 4 - 19 可得系统的开环传递函数为:

$$G(s) = \frac{\Theta(s)}{E(s)}$$

$$= \frac{Zk_u k_e k_p}{Js^3 + (\beta + Jk_{\Delta p} + Jk_u k_p)s^2 + (\beta k_{\Delta p} + \beta k_p k_u + Zk_\omega)s}$$

$$(4-40)$$

其二阶振荡环节的阻尼比和自然振荡频率分别为:

$$\omega_0 = \sqrt{\frac{\beta k_{\Delta p} + \beta k_p k_u + Zk_\omega}{J}} \qquad (4-41)$$

$$\xi_0 = \frac{Jk_{\Delta p} + Jk_p k_u + \beta}{2\sqrt{J(\beta k_p k_u + \beta k_{\Delta p} + Zk_\omega)}} \qquad (4-42)$$

由图 4 - 19 可得,在输入信号和摩擦力干扰的共同作用下,系统输出为:

$$\Theta(s) =$$

$$\frac{Zk_u k_e k_p \Theta_r(s) - (s + k_{\Delta p} + k_u k_p)M_f(s)}{Js^3 + (\beta + Jk_{\Delta p} + Jk_u k_p)s^2 + (\beta k_{\Delta p} + \beta k_p k_u + Zk_\omega)s + Zk_p k_u k_e}$$

$$(4-43)$$

由式 (4 - 43) 可得,由摩擦力引起的系统稳态误差为:

$$e_s = \frac{(k_{\Delta p} + k_u k_p)M_f}{Zk_u k_p k_e} \qquad (4-44)$$

图 4 - 19 中,断开压力反馈时,由摩擦力引起的系统稳态误差为:

$$e_s = \frac{k_{\Delta p}M_f}{Zk_u k_p k_e} \qquad (4-45)$$

由式 (4 - 41) 和式 (4 - 42) 可以看出,增加压力内环后,系统开环传动函数的二阶振荡环节的阻尼比和自然振荡频率增大,改善了系统的动态性能。但是,比较式 (4 - 44) 和式 (4 - 45) 可知,压力反馈内环使系统的稳态误差增大。

4.4.2 摩擦力补偿方案

在位置和压力双闭环控制系统中,将摩擦力对应的压力差作为补偿值,直接加到压力环的给定上,不必将摩擦力等效到比例阀的

控制量 u，压力环的增加方便了摩擦力的补偿。在图 4 – 19 所示的位置和压力双闭环系统方块图上，增加摩擦力补偿环节，即可得图 4 – 20 所示带摩擦力补偿的双环控制气动位置伺服系统方块图。

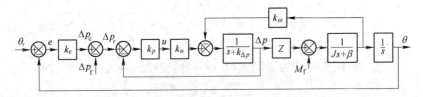

图 4 – 20　带摩擦力补偿的位置压力双闭环气动位置伺服系统方块图

由图 4 – 20 可得，增加摩擦力前馈补偿后，系统输出为：

$$\Theta(s) =$$

$$\frac{Zk_uk_ek_p\Theta_r(s) - (s + k_{\Delta p} + k_uk_p)M_f(s) + k_uk_pZ\Delta p_f(s)}{Js^3 + (\beta + Jk_{\Delta p} + Jk_uk_p)s^2 + (\beta k_{\Delta p} + \beta k_pk_u + Zk_\omega)s + Zk_pk_uk_e}$$

$$(4 – 46)$$

由式（4 – 46）可得，由摩擦力引起的系统稳态误差为：

$$e_s = \frac{k_{\Delta p}M_f + k_uk_p(M_f - Z\Delta p_f)}{Zk_uk_pk_e} \qquad (4 – 47)$$

从式（4 – 47）可以看出，若压力补偿值 $\Delta p_f = M_f / Z$，则由压力内环的引入产生的稳态偏差可以消除。

摩擦力补偿思想为：设稳态偏差允许范围为 $|e| \leq \varepsilon(\varepsilon > 0)$，则在 $|e| > \varepsilon$ 时进行摩擦力补偿，保证系统运动不停，处于调节状态；而在 $|e| \geq \varepsilon$ 时，为避免引起振荡，不加补偿，使系统进入稳态。

综合上述分析，结合 2.3 节给出的摩擦力模型，摩擦力补偿算法如下：

If $(|e| > \varepsilon)$ {

　　If $(\dot{\theta} = 0)$ $\Delta p_f = \text{sign}(e) M_{sfmax}/Z$

　　If $(\dot{\theta} \neq 0)$ $\Delta p_f = \text{sign}(\dot{\theta}) M_{df}/Z$

　}

Else $\Delta p_f = 0$

式中，M_{df} 为库仑摩擦力；M_{sfmax} 为最大静摩擦力。

4.4.3 带摩擦力补偿的位置和压力双环控制系统

带摩擦力补偿的位置和压力双环控制气动位置伺服系统如图 4-21 所示，位置控制环的输出加上摩擦力补偿值，作为压力环的给定值，压力控制器输出为功率放大器的输入。压力环要求响应速度快，对稳态精度要求不高，采用比例控制。位置环要求稳态精度高，采用摩擦力补偿后，采用比例控制，系统的稳态偏差可以很小，因此位置环也采用比例控制。摩擦力观察补偿器根据速度和偏差计算出补偿压力值。

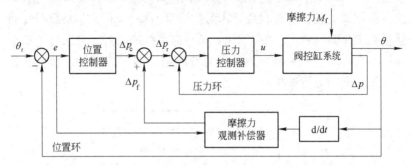

图 4-21 带摩擦力补偿的位置压力双闭环气动位置伺服系统原理框图

4.4.4 试验结果

在摆动气缸位置伺服控制试验平台上，对带摩擦力补偿的位置和压力双环控制策略进行试验研究。试验中，供气压力 p_s = 0.34MPa，采样周期为10ms，给定精度 ε = 1°。压力环控制器比例系数取 10MPa/(°)，位置环控制器比例系数取 0.002V/MPa 。

图 4-22 所示为采用具有相同开环增益的比例控制、双环控制和带摩擦力矩补偿的双环控制作用下的阶跃响应，表 4-7 所示为不同幅值的阶跃输入信号作用下采用不同控制方式时的稳态偏差。从表 4-7 可以看出，采用比例控制和双环控制时，由于摩擦力矩的影响，稳态偏差较大，且双环控制时稳态偏差比比例控制时大得多，与理论分析结果一致。采用摩擦力矩补偿后，稳态偏差限制在给定的精度范围 $|e| \leqslant \varepsilon$ 内。从图 4-21 可以看出，带摩擦力补偿的双环控制由于引入压力差反馈，系统阻尼比增大，减小了超调，接近

给定值时过渡过程比比例控制稍慢。

表 4 - 7　采用不同控制器给定值不同时的稳态偏差　　（°）

给定值	5	10	50	100	135	200	260	265
比例控制	×	2.8	-3.77	-1.25	-1.35	-1.45	-1.15	×
双环控制	×	×	13.8	14.8	16.19	15.8	12.8	13.2
双环控制带补偿	0.4	-0.13	1.0	-0.43	0.3	-0.93	0.58	0.78

注：表中×表示无法实现。

图 4 - 23 所示为不同幅值的阶跃信号作用下，空载和带负载时的试验结果比较，空载时系统转动惯量为 $71kg \cdot cm^2$，带负载时转动惯量为 $2800kg \cdot cm^2$。可以看出，负载时系统的动态和静态特性基本保持不变。图 4 - 24 所示为给定为方波信号的试验结果，系统在各个方波周期响应特性相同。

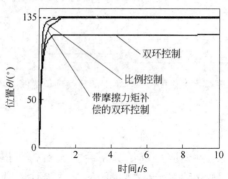

图 4 - 22　不同控制方式下的阶跃响应

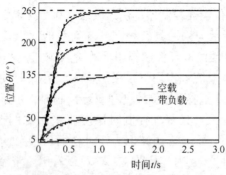

图 4 - 23　空载与负载试验结果比较

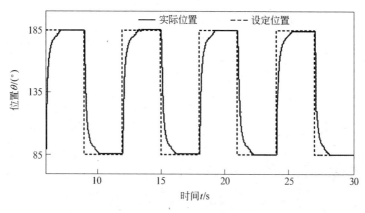

图 4 - 24　方波响应曲线

试验结果表明，采用带摩擦力补偿的双环控制，在不同给定信号时，控制器参数保持不变，都能达到较好的控制效果，而且受负载影响不大，具有过渡过程时间较短、无超调或超调很小、控制精度高、鲁棒性强等特点。

4.5　气动位置伺服系统单神经元自适应状态反馈控制

以位置、速度和压力差为状态变量的基本状态反馈控制可以调节系统的自然振荡频率和阻尼比，改善系统动态性能，但是，控制器参数确定后在运行过程中是固定不变的，不能适应气动伺服系统的非线性和不确定性。以压力差微分代替压力差反馈，可以解决压力差反馈增大系统稳态误差的问题，但压力差微分需通过压力差的差分得到，会引入较大的噪声，采用摩擦力补偿是减小由于摩擦力引起的稳态误差的另一种简单有效的方法。神经网络具有自学习和自适应的能力，文献［8］将状态反馈控制与神经网络相结合，提出了带摩擦力补偿的单神经元自适应状态反馈控制。

4.5.1　单神经元自适应状态反馈控制

对于比例阀控摆动缸位置伺服系统，以位置、速度和压力差为状态变量的状态反馈控制器表达式为

$$u(k) = k_1 e(k) - k_{f\omega}\omega(k) - k_{f\Delta p}\Delta p(k) \qquad (4-48)$$

式中，各符号的含义与第 4.2 节相同。

根据式（4-48），用一个线性神经元实现自适应状态反馈控制，神经网络结构如图 4-25 所示。

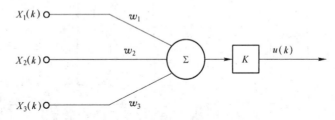

图 4-25 单神经元自适应状态反馈控制器

网络的输入为位置偏差、角速度、两腔压力差，即

$$\left.\begin{aligned}
X_1(k) &= e(k) = \theta_r(k) - \theta(k) \\
X_2(k) &= -\omega(k) = -[\theta(k) - \theta(k-1)]/T_s \\
X_3(k) &= -[p_1(k) - p_2(k)]
\end{aligned}\right\} \quad (4-49)$$

式中，T_s 为采样周期；ω 为角速度。

为了保证权值学习的收敛，权值进行规范化，网络的输出为

$$u(k) = \frac{K \sum\limits_{i=1}^{3} w_i(k) x_i(k)}{\sum\limits_{i=1}^{3} |w_i(k)|} \quad (4-50)$$

式中，$\{w_1, w_2, w_3\}$ 为加权系数，可在线修正；K 为神经元的比例系数。

可见，由式（4-48）和式（4-50）可以看出，神经网络控制器具有状态反馈控制器的结构，通过对加权系数的调整来实现自适应和自学习功能。加权系数采用有监督的 Hebb 学习算法，表达式为

$$w_i(k+1) = w_i(k) + \eta_i e(k) u(k) x_i(k) \quad i = 1, 2, 3$$
$$(4-51)$$

式中，$\eta_i (\eta_i > 0)$ 为学习速率。

神经元的比例系数 K 值对系统控制性能有很大影响。如果 K 太大，响应速度快但超调量大，甚至破坏系统的稳定性；如果 K 太小，超调量小但调节时间长。

4.5.2 带摩擦力补偿的单神经元自适应状态反馈控制系统

摩擦力补偿思想和算法与第4.4节的带摩擦力补偿位置压力双环控制中的补偿思想和算法相同。补偿方法为将摩擦力对应的压力差补偿值直接加到实际压力差反馈值上，作为神经网络的输入。

采用摩擦力补偿后，神经元的输入 $X_3(k)$ 变为

$$X_3(k) = -[\Delta p(k) + \Delta p_f(k)] \qquad (4-52)$$

式中，Δp_f 为摩擦力对应的压力差补偿值。

带摩擦力补偿的单神经元自适应状态反馈控制气动位置伺服系统原理框图如图4-26所示。单个线性神经元构成神经网络作为控制器，位置偏差、速度和压力差为神经网络的输入，网络的输出为阀控缸机构的输入控制信号。神经网络权值 $\{w_1, w_2, w_3\}$ 与状态反馈系数相对应，采用 Hebb 自学习算法进行在线修正，实现了状态反馈系数的自适应和自学习。摩擦力观测补偿器根据位置偏差和角速度得到摩擦力对应的压力差补偿值，与实际压力差相加，作为压力差反馈值。

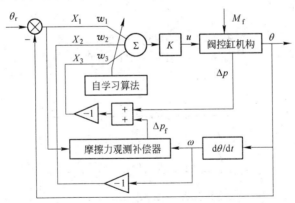

图4-26 带摩擦力补偿的单神经元自适应状态反馈控制
气动位置伺服系统原理框图

4.5.3 试验结果

在摆动气缸位置伺服控制试验平台上，对带摩擦力补偿的单神经元自适应状态反馈控制器进行试验研究。试验条件为：供气压力

p_s = 0.41 MPa，采样周期 T_s 为 10 ms。

　　为了比较控制性能，分别对传统的 PID 控制、带摩擦力补偿的状态反馈控制和不带摩擦力补偿的单神经元自适应状态反馈控制进行了试验，试验结果如图 4 - 27 ~ 图 4 - 29 所示。可以看出：(1) 采用传统的 PID 控制，存在较大的超调，且出现了粘滑振荡现象（图4 - 27）；(2) 采用带摩擦力补偿的状态反馈控制，设定值为100°时

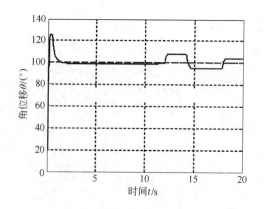

图 4 - 27　采用 PID 控制的阶跃响应
K_P = 0.02；K_I = 1；K_D = 0.05

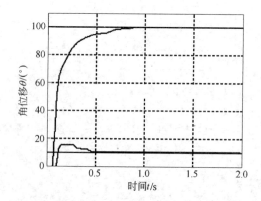

图 4 - 28　采用带摩擦力补偿的状态反馈控制的阶跃响应
K_1 = 0.02；$K_{f\omega}$ = 0.0001；$K_{f\Delta p}$ = 10

获得了较好的性能，但是当设定值由 100°变为 10°，采用相同的控制参数，系统的性能变差（图 4-28）；（3）采用不带摩擦力补偿的单神经元自适应状态反馈控制，系统存在较大的稳态误差（图4-29）。

采用带摩擦力补偿的单神经元自适应状态反馈控制，在不同幅值的阶跃给定信号作用下，负载分别为 72 kg·cm² 和 2800 kg·cm² 时进行了试验，试验结果见图 4-30。可以看出，系统响应速度快、超调量很小或为零、鲁棒性好。与传统的 PID 控制和状态反馈控制相比，控制性能大大提高。

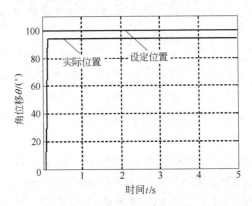

图 4-29 采用单神经元自适应状态反馈控制的阶跃响应

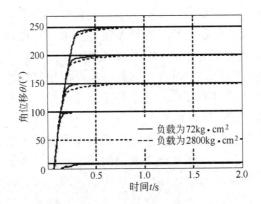

图 4-30 采用带摩擦力补偿的单神经元自适应状态
反馈控制的阶跃响应

试验结果表明，采用带摩擦力补偿的单神经元自适应状态反馈控制，在不同工作点位置、不同负载下，系统都能达到较好的控制性能。

4.6　本章小结

本章首先介绍了基于"灰匣子"的阀控缸系统辨识建模法。将两腔压力差的动态过程近似线性化，线性化的压力差微分方程与运动方程相结合，构成以位置、速度和压力差为状态变量的三阶状态空间模型结构，采用基于试验数据的系统辨识法确定模型参数。与第 3 章介绍的工作点线性化理论推导法和基于 AMESim 线性工具的仿真分析法相比，该方法的优点是：模型及参数物理概念明确、阶次低，依据试验数据辨识得到的参数比较准确，需要的实际系统参数较少，模型可以反映系统内部状态的动态过程特性。缺点是：需要试验条件和大量的试验，试验数据的获取方法和参数辨识算法对辨识参数的精度有影响。

基于上述状态空间模型，理论分析了气动位置伺服系统状态反馈控制的性能。速度反馈可以提高系统开环二阶环节的自然振荡频率，但减小了阻尼比；压力差反馈可以提高系统开环二阶振荡环节的自然振荡频率，调节阻尼比，但增大了系统稳态误差；以压力差微分反馈代替压力差反馈，弥补了压力差反馈的缺点，不会增大稳态误差，且可以提高系统开环二阶振荡环节的自然振荡频率，调节阻尼比。试验结果表明，改进的位置、速度和压力差微分反馈控制（PVDDP 控制）在局部工作点可以获得良好的控制性能，系统响应速度快，无超调或超调很小，稳态偏差小。但是，控制器参数需要根据不同工作点特性进行调节。

与电机伺服系统中的速度和电流双闭环控制原理类似，气动位置伺服系统采用压力内环来提高系统的动态性能，理论分析了带摩擦力补偿的位置和压力双闭环控制系统的性能。压力内环可以提高系统阻尼比和自然振荡频率，改善系统的动态性能，但同时增大了稳态误差；采用摩擦力前馈补偿，可以减小甚至消除压力内环产生的稳态误差。试验结果表明，采用带摩擦力补偿的双环控制，在不同给定信号时，控制器参数保持不变，都能达到较好的控制性能，而且受负载影响不大。

神经网络具有自学习和自适应的能力，状态反馈控制可以改善系统的动态性能，但是不能适应气动位置伺服系统不同工作点特性的变化，将状态反馈控制与神经网络相结合构成的自适应状态反馈控制，通过神经网络的自学习功能使得与网络权值对应的状态反馈系数得到实时修正。采用摩擦力补偿方法，将与摩擦力对应的压力差补偿值加到压力差反馈值上，来减小压力差反馈引起的稳态误差。试验结果表明，采用带摩擦力补偿的单神经元自适应状态反馈控制，在不同工作点位置和不同负载下，系统都能达到较好的控制性能，系统参数能够适应工作点的变化。

参 考 文 献

[1] 李宝仁，许耀铭，李壮云. 气动位置伺服系统的建模与控制 [J]. 华中理工大学学报，1996 (4)：60~62.
[2] 柏艳红，李小宁. 一种气动位置伺服系统的辨识建模方法 [J]. 南京理工大学学报，2007，31 (6)：710~714.
[3] Lennart Ljung. 系统辨识使用者的理论 [M]. 北京：清华大学出版社，2002.
[4] 夏德钤，翁贻方. 自动控制理论 [M]. 北京：机械工业出版社，2004.
[5] 柏艳红，李小宁. 气动位置伺服系统状态反馈控制的改进 [J]. 机械工程学报，2009，45 (8)：101~105.
[6] 关景泰. 机电液控制技术 [M]. 上海：同济大学出版社，2003.
[7] 柏艳红，李小宁. 摆动气缸位置伺服系统带摩擦力补偿的双环控制策略研究 [J]. 南京理工大学学报，2006 (2)：216~222.
[8] Bai Yanhong, Li Xiaoning. PVA control based on neural network for pneumatic angular position servo system [C] // Proceedings of the 6th International Symposium on Test and Measurement. Dalian, 2005：1414~1417.

5 模糊控制在气动位置伺服系统中的应用

模糊控制（fuzzy control，FC）由于不需要建立对象的数学模型，具有良好的鲁棒性以及非线性控制特性而得到较为广泛的应用。将模糊控制应用于气动位置伺服系统，无疑有助于消除系统非线性因素的影响。本章介绍将线性插值模糊控制、基于带调整因子模糊控制的变参数双模糊控制器、T-S型模糊控制应用于气动位置伺服系统设计过程。

5.1 模糊控制基本原理

本节首先介绍模糊控制原理中涉及的一些模糊数学基本概念和运算，然后从模糊控制器的组成、各组成部分的功能、模糊控制器的设计因素等方面介绍模糊控制的基本原理[1]。

5.1.1 模糊数学基本概念和基本运算

5.1.1.1 模糊集合的定义和表示

给定论域 U，U 到 $[0, 1]$ 闭区间的任一映射 μ_A

$$\mu_A: U \to [0, 1]$$
$$u \to \mu_A(u)$$

都确定 U 上的一个模糊子集 A，也称为模糊集合。μ_A 称为模糊子集 A 的隶属函数，$\mu_A(u)$ 称为 u 属于 A 的隶属度。

可见，表达模糊集合有论域和隶属函数两个要素。当论域 U 为有限集，即离散论域时，模糊集合可以用模糊向量（元素值介于 0 和 1 之间）表示，如

$$U = \{-3, -2, -1, 0, 1, 2, 3\}$$
$$A = [0.3 \quad 0.7 \quad 1 \quad 0.7 \quad 0.3 \quad 0 \quad 0]$$

5.1.1.2 模糊子集的并、交、补运算

设 A 和 B 为论域 U 上的两个模糊子集，它们之间的并、交、补运算分别记作 $A \cap B$、$A \cup B$ 和 A^c，并规定对于 U 中的每一个元素 u，

都有

$$\mu_{A \cup B}(u) = \mu_A(u) \bigvee \mu_B(u) = \max\{\mu_A(u), \mu_B(u)\} \quad (5-1)$$

$$\mu_{A \cap B}(u) = \mu_A(u) \bigwedge \mu_B(u) = \min\{\mu_A(u), \mu_B(u)\} \quad (5-2)$$

$$\mu_{A^c}(u) = 1 - \mu_A(u) \quad (5-3)$$

式中，"∧"表示取小运算 min，"∨"表示取大运算 max。

5.1.1.3　模糊关系和模糊集合的直积

设 X、Y 是两个非空集合，以直积 $X \times Y$ 为论域定义的模糊集合 R 称为 X 和 Y 的模糊关系，记为 $R_{X \times Y}$。

若有两个模糊集 A 和 B，其论域分别为 X 和 Y，定义在积空间 $X \times Y$ 上的模糊集合 $A \times B$ 称为模糊集合 A 和 B 的直积，其隶属函数为：

$$\mu_{A \times B}(x, y) = \mu_A(x) \bigwedge \mu_B(y) = \min\{\mu_A(x), \mu_B(y)\},$$
$$\forall x \in X, y \in Y \quad (5-4)$$

或者

$$\mu_{A \times B}(x, y) = \mu_A(x)\mu_B(y) \quad (5-5)$$

可见，模糊集 A 和 B 的直积 $A \times B$ 是 X 和 Y 的一个模糊关系。

5.1.1.4　模糊关系的合成运算

设 R_1 是 X 和 Y 的模糊关系，R_2 是 Y 和 Z 的模糊关系，R_1 和 R_2 的合成 $R_1 \circ R_2$ 指的是 $X \times Z$ 上的一个模糊关系，其隶属函数为：

$$\mu_{R_1 \circ R_2}(x, z) = \bigvee_{y \in Y}[\mu_{R_1}(x, y) \bigwedge \mu_{R_2}(y, z)] \quad (5-6)$$

当论域 X、Y、Z 为离散论域时，模糊关系 R_1 和 R_2 可以用模糊矩阵（元素值介于 0 和 1 之间）表示，R_1 和 R_2 的合成可以用类似矩阵相乘的运算过程来求得。设合成算子"。"代表两个模糊矩阵的相乘，与线性代数中的矩阵乘积相类比，把普通矩阵乘运算中对应的元素之间的"乘"用取小运算"∧"来代替，而元素间的"加"用取大运算"∨"来代替。

例：已知模糊关系矩阵

$$\boldsymbol{R}_1 = \begin{bmatrix} 1 & 0.2 & 0.5 \\ 0.1 & 0.4 & 0.1 \\ 0.3 & 0.9 & 0 \end{bmatrix}, \quad \boldsymbol{R}_2 = \begin{bmatrix} 0.4 & 0.9 \\ 0.7 & 1 \\ 0.1 & 0.3 \end{bmatrix}$$

则

$$
\boldsymbol{R}_1 \circ \boldsymbol{R}_2 = \begin{bmatrix} 1 & 0.2 & 0.5 \\ 0.1 & 0.4 & 0.1 \\ 0.3 & 0.9 & 0 \end{bmatrix} \circ \begin{bmatrix} 0.4 & 0.9 \\ 0.7 & 1 \\ 0.1 & 0.3 \end{bmatrix}
$$

$$
= \begin{bmatrix} a_{11} & a_{12} \\ a_{21} & a_{22} \\ a_{31} & a_{32} \end{bmatrix} = \begin{bmatrix} 0.4 & 0.9 \\ 0.4 & 0.4 \\ 0.7 & 0.9 \end{bmatrix}
$$

其中

$$a_{11} = \vee\,(1 \wedge 0.4, 0.2 \wedge 0.7, 0.5 \wedge 0.1)$$

$$a_{12} = \vee\,(1 \wedge 0.9, 0.2 \wedge 1, 0.5 \wedge 0.3)$$

$$a_{21} = \vee\,(0.1 \wedge 0.4, 0.4 \wedge 0.7, 0.1 \wedge 0.1)$$

$$a_{22} = \vee\,(0.1 \wedge 0.9, 0.4 \wedge 1, 0.1 \wedge 0.3)$$

$$a_{31} = \vee\,(0.3 \wedge 0.4, 0.9 \wedge 0.7, 0 \wedge 0.1)$$

$$a_{32} = \vee\,(0.3 \wedge 0.9, 0.9 \wedge 1, 0 \wedge 0.3)$$

若模糊集 A 和 B 的论域 X 和 Y 为离散论域时，根据直积的定义，模糊集 A 和 B 的直积 $A \times B$ 可由模糊集 A 和 B 的合成运算得到，即

$$A \times B = A^{\mathrm{T}} \circ B \tag{5-7}$$

5.1.1.5 模糊语言变量、模糊命题和模糊推理

在自然语言中，常用的描述事物特征的一些概念是模糊的，如"高温"、"阀门开大"等。这些没有明确边界的模糊概念用模糊数学中的模糊子集来描述。

模糊语言变量是自然语言中的词或句，如"气温"、"误差"等，它的取值不是通常的常数，而是一些模糊语言，如"高"、"较大"。因此，模糊语言变量的取值是一组用模糊集表示的模糊语言。

含有模糊概念的陈述句为模糊命题，如："误差较大"，"如果误差较大，则减小阀门开度"。

模糊推理是运用模糊语言，对模糊命题进行模糊判断，推出一个近似的模糊结论的方法。

5.1.2 模糊控制器的基本结构

模糊控制系统组成如图5-1所示，虚线框内为模糊控制器，主要包括模糊化、模糊推理、解模糊和知识库四个部分。输入的精确量通过模糊化转换成模糊量，模糊推理根据输入的模糊量，依据模糊控制规则推理得到模糊控制量，解模糊将模糊控制量转换为精确的控制量，作为控制器的输出。知识库包括数据库和模糊控制规则库两部分，数据库存储着有关模糊化、模糊推理、解模糊的一切知识，规则库包括了用模糊语言变量表示的一系列控制规则[2]。

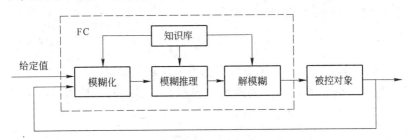

图5-1 模糊控制系统组成框图

模糊控制器输入变量的个数称为模糊控制器的维数。对于单输入单输出的控制系统，一般有以下三种情况：以误差为输入的一维模糊控制器，以误差及误差的变化为输入的二维模糊控制器，以误差、误差的变化、误差变化的速率为输入的三维模糊控制器。模糊控制器的输出一般为被控对象的控制量或控制量增量。

模糊控制输入输出变量的实际论域一般是实数域上的连续论域，而这些变量在模糊控制内部的论域可以是连续的也可以是离散的，因此模糊控制可以分为连续论域模糊控制（continuous fuzzy control，C - FC）和离散论域模糊控制（discrete fuzzy control，D - FC）。

5.1.3 模糊控制基本理论

5.1.3.1 模糊化运算

模糊化运算是将输入空间的观测量映射为输入论域上的模糊集合。变量作为精确量时，其实际变化范围称为基本论域，当作为模糊语言变量时所定义的论域称为论域。首先需要对输入变量进行论域变换，将其从基本论域变换到相应的论域范围，然后将其模糊化，得到相应的模糊集合。

A 论域变换

若实际的输入量 x_0^* 的变化范围为 $[x_{\min}^*, x_{\max}^*]$，所定义的模糊子集的论域范围为 $[x_{\min}, x_{\max}]$，采用线性变换，则论域变换算式为：

$$x_0 = \frac{x_{\min} + x_{\max}}{2} + k(x_0^* - \frac{x_{\min}^* + x_{\max}^*}{2}) \qquad (5-8)$$

式中，k 为比例因子，取值为：

$$k = \frac{x_{\max} - x_{\min}}{x_{\max}^* - x_{\min}^*} \qquad (5-9)$$

输入量的模糊集论域也可以是离散论域，如 $\{-3, -2, -1, 0, 1, 2, 3\}$。若论域是离散的，则需要将连续的论域离散化或量化，表 5-1 所示为均匀量化的例子。

表 5-1 均匀量化

量化等级	-3	-2	-1	0	1	2	3
输入范围	$(-\infty, -2.5]$	$(-2.5, -1.5]$	$(-1.5, -0.5]$	$(-0.5, 0.5]$	$(0.5, 1.5]$	$(1.5, 2.5]$	$(2.5, +\infty)$

B 模糊化

通常将输入量模糊化为单点模糊集合。设该集合用 A' 表示，则有：

$$\mu_{A'}(x) = \begin{cases} 1 & x = x_0 \\ 0 & x \neq x_0 \end{cases} \qquad (5-10)$$

若输入量数据存在随机测量噪声，则此时的模糊化运算相当于将随机量变换为模糊量，对于这种情况，可以取模糊量的隶属度函数为等腰三角形或正态分布的函数。

5.1.3.2 数据库

数据库存储着有关模糊化、模糊推理、解模糊的相关知识，如上面介绍的模糊化中论域变换方法以及下面将介绍的输入变量隶属函数的定义、模糊推理算法、解模糊算法、输出变量各模糊集的隶属函数定义等。

模糊控制规则中，前提的语言变量构成模糊输入空间，结论的语言变量构成模糊输出空间。每个语言变量的取值为一组模糊语言名称，每个模糊语言名称对应一个模糊集合。对于每个语言变量，其取值的模糊集合具有相同的论域。模糊分割是要确定对于每个语言变量取值的模糊语言（模糊集）名称和个数，并定义其隶属函数。

模糊控制系统常用的模糊语言（模糊集）有：正大（PB）、正中（PM）、正小（PS）、正零（PZ）、零（Z）、负零（NZ）、负小（NS）、负中（NM）、负大（NB）。

模糊分割的个数决定了模糊控制精细化的程度，也决定了最大可能的模糊规则的个数。如对于两个输入单输出的模糊关系，若两输入 x 和 y 的模糊分割数分别为 3 和 7，则最大可能的规则数为 21。模糊分割数越多，控制规则数越多，控制越复杂；模糊分割数太小，将导致控制太粗略，难以对控制性能进行精心的调整。模糊分割数的确定主要靠经验和试凑。

隶属函数的形状对控制性能有很大的影响。一般来说，当隶属度函数比较窄瘦时（形状陡），控制较灵敏；反之，控制较粗略和平稳。因此，一般在误差为零的附近，采用较为窄瘦的隶属函数；误差较大时，隶属函数可取得宽胖些。常用的隶属函数有三角型、梯型、高斯型、S 型等。

同一模糊语言变量的各模糊集合的隶属函数最常采用的形式如图 5-2 所示，是对称、均匀分布、全交叠的三角形。

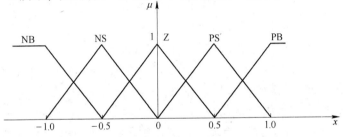

图 5-2　输入和控制量的隶属函数

5.1.3.3　规则库

模糊控制规则库由一系列的 "if – then" 型模糊条件语句构成。模糊控制器的最大特点就是只要有了控制规则，就可以根据所选定的模糊推理方法获得合理的控制量。模糊控制规则一般是基于有经验的操作者或专家的控制经验来建立。

以简单的单输入、单输出水箱水位控制系统为例来说明模糊控制规则的建立。根据出水阀的用水情况，注水阀自动调整开度大小，使水箱的水位保持在一定高度 h_0，注水阀阀门开度越大，注水速度越快，水箱水位上升。阀门开度由控制信号的大小来决定。

根据人工操作经验，控制规则可以用语言描述如下：

（1）若水位高于 h_0，则控制阀应开小一点，且高得多时，控制阀关得多；

（2）若水位高于 h_0，则控制阀应开小一点，且高得少时，控制阀关得少；

（3）若水位在 h_0 附近，则控制阀开度基本不变；

（4）若水位低于 h_0，则控制阀开度要增加，且低得多时，控制阀开得多；

（5）若水位低于 h_0，则控制阀开度要增加，且低得少时，控制阀开得少。

用 e 表示期望水位与实际水位的偏差（为模糊语言变量），用 uc 表示注水阀控制信号的增量（为模糊语言变量）。根据操作人员手动控制经验，模糊控制规则可归纳如下：

（1）若 e 负大（NB），则 uc 负大（NB）；

（2）若 e 负小（NS），则 uc 负小（NS）；

（3）若 e 为零（Z），则 uc 为零（Z）；

（4）若 e 正小（PS），则 uc 正小（PS）；

（5）若 e 正大（PB），则 uc 正大（PB）。

5.1.3.4　模糊推理

模糊推理采用通常所说的包括大前提、小前提和结论的 "三段论" 式。"大前提" 为模糊控制规则集，"小前提" 为模糊化后的输入量，"结论" 为推理得出的模糊控制量，推理运算采用 Zadeh 提出的模糊逻辑推理的合成规则，下面介绍该规则的具体应用。

给定模糊控制规则集为：

规则 1: if $e = A_1$ and $ec = B_1$, then $u = C_1$

规则 2: if $e = A_2$ and $ec = B_2$, then $u = C_2$

$\vdots$

规则 n: if $e = A_n$ and $ec = B_n$, then $u = C_n$

其中，e，ec 和 u 分别表示偏差、偏差的变化和控制量对应的模糊语言变量，论域分别为 X，Y 和 Z，$A_1 \sim A_n$ 为 e 的模糊集（语言值），$B_1 \sim B_n$ 为 ec 的模糊集，$C_1 \sim C_n$ 为 u 的模糊集。现在已知条件（$e = A'$ and $ec = B'$），求结论 $u = C'$。

根据模糊数学理论，每条控制规则是一个在积空间 $X \times Y \times Z$ 中的模糊关系。第 i 条规则的模糊关系 R_i 为：

$$R_i = A_i \times B_i \times C_i \tag{5-11}$$

按照式（5-4）直积运算的定义，R_i 的隶属函数为：

$$\mu_{R_i}(e, ec, u) = \min\{\mu_{A_i}(e), \mu_{B_i}(ec), \mu_{C_i}(u)\} \tag{5-12}$$

综合 n 条规则的模糊关系，整个控制规则集的模糊关系 R 为：

$$R = \bigcup_{i=1}^{n} R_i \tag{5-13}$$

按照式（5-1）模糊集并运算的定义，R 的隶属函数为：

$$\mu_R(e, ec, u) = \max\{\mu_{R_1}(e, ec, u), \cdots, \mu_{R_n}(e, ec, u)\} \tag{5-14}$$

根据 Zadeh 的模糊逻辑推理合成规则，模糊推理结论 C' 为：

$$C' = (A' \times B') \circ R \tag{5-15}$$

按照式（5-6）模糊关系合成运算的定义，C' 的隶属函数为：

$$\mu_{C'}(u) = \max_{e, ec}\{\min[\mu_{A' \times B'}(e, ec), \mu_R(e, ec, u)]\} \tag{5-16}$$

进一步可推导出如下结论：

$$C' = (A' \times B') \circ \bigcup_{i=1}^{n} R_i = \bigcup_{i=1}^{n} (A' \times B') \circ R_i = \bigcup_{i=1}^{n} C'_i \tag{5-17}$$

式（5-17）表明可以采用各条规则分别推理的方法。

若输入为 $e = e_0$，$ec = ec_0$，对输入变量采用单点模糊化方法时，根据式（5-17），可以得出

$$\mu_{C'}(u) = \bigcup_{i=1}^{n} \mu_{C'_i}(u) = \max\{\mu_{C'_1}(u), \mu_{C'_2}(u), \cdots, \mu_{C'_n}(u)\}$$

$$(5-18a)$$

$$\mu_{C'_i}(u) = \alpha_i \wedge \mu_{C_i}(u), \alpha_i = \min\{\mu_{A_i}(e_0), \mu_{B_i}(ec_0)\}$$

$$(5-18b)$$

式（5-18）为模糊控制最常用的模糊推理方法。利用该公式的推理过程为：根据式（5-18b）得出各条规则的推理结果 C'_i，再根据式（5-18a）得出所有规则的综合推理结果 C'。

只有两条规则时，根据式（5-18）的推理过程如图5-3所示。

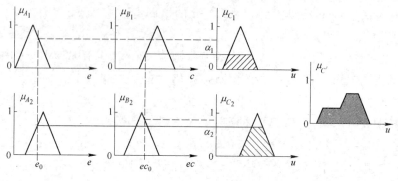

图5-3 模糊推理过程图解

5.1.3.5 解模糊计算

解模糊的作用是将模糊推理得到的模糊控制量变换为用于实际控制的精确量，是模糊化的反过程。首先将模糊量经解模糊变换成论域范围的精确量，然后将精确量经论域反变换变换成实际的控制量。

A 解模糊

模糊推理结果为输出论域上的一个模糊集，图5-3所示的模糊集隶属函数曲线，表示了输出量 u 的可能性分布。解模糊的任务是确定一个值 u_0，能最好地代表 u 的可能性分布。解模糊常用以下四种方法。

（1）最大隶属度平均法。在模糊集隶属函数曲线上，取隶属度最大的线段的中点，以其横坐标值作为解模糊的结果 u_0。若为离散论域，取模糊集中具有最大隶属度的所有点的平均值。

（2）面积重心法。在隶属函数曲线所包围的面积上，求该面积

的重心，以其横坐标值作为解模糊的结果，即

$$u_0 = \frac{\int \mu_{C'}(u) u \mathrm{d}u}{\int \mu_{C'}(u) \mathrm{d}u} \tag{5-19}$$

（3）加权平均法。若输出论域为离散的，式（5-19）可表示为：

$$u_0 = \frac{\sum_{i=1}^{m} \mu_{C'}(u_i) u_i}{\sum_{i=1}^{m} \mu_{C'}(u_i)} \tag{5-20}$$

式（5-20）表示 u_0 为离散论域上各点的加权平均值，因此该法称为加权平均法。

（4）面积平分法。在隶属函数曲线所包围的面积上，求将该面积平分的且与纵坐标平行的直线，以其横坐标值作为解模糊的结果，即

$$\int_{a}^{u_0} \mu_{C'}(u) \mathrm{d}u = \int_{u_0}^{b} \mu_{C'}(u) \mathrm{d}u \tag{5-21}$$

B　论域反变换

模糊论域上的精确量 u_0 需经过论域变换变为实际的控制量。

若 u 的论域范围为 $[u_{\min}, u_{\max}]$，实际控制量 u_0^* 的变化范围为 $[u_{\min}^*, u_{\max}^*]$，采用线性变换，则

$$u_0^* = \frac{u_{\min}^* + u_{\max}^*}{2} + k\left(u_0 - \frac{u_{\min} + u_{\max}}{2}\right) \tag{5-22}$$

比例因子 k 为：

$$k = \frac{u_{\max}^* - u_{\min}^*}{u_{\max} - u_{\min}} \tag{5-23}$$

5.1.4 模糊控制器的主要设计因素

综合上述分析，模糊控制器的设计主要包括以下内容：

（1）确定控制器的输入变量和输出变量，选择合适的模糊控制器类型。输入信号可以选择外界的参考输入、系统的输出或状态等，

通常选偏差、偏差的变化或导数、偏差变化的变化或二阶导数等；输出信号通常选择系统的控制输入或控制输入的增量。根据被控对象的特性、控制要求和实现手段，选择连续论域模糊控制还是离散论域模糊控制。

（2）确定输入输出变量的基本论域。一般来说，输入输出变量的实际范围是由实际控制系统决定的，但有时也有一定的调整余地。由于模糊集论域不变，调整实际论域相当于改变比例因子，对控制器的性能影响很大。

（3）确定各变量的模糊集个数及各模糊集的隶属函数。模糊集的个数一般选为 3，5，7 个，个数多，模糊控制器的灵敏性好，但规则的数目成平方增长，且模糊集划分的过细、过密，会失去某些信息，体现不出模糊量的长处。隶属函数通常选三角形，可以为均匀、对称分布，也可以是不均匀、不对称分布，根据实际应用而定。采用连续论域时，论域范围通常为 [-1，1]；采用离散论域时，论域形式通常为 {0，± 1，± 2，$\cdots$，$\pm m$}，量化等级为 $2m + 1$。

（4）设计模糊控制规则集。控制规则集是决定模糊控制器性能的关键因素，一般根据经验来设计。

（5）选择模糊推理方法。在式（5-18）的模糊推理公式中，min 也可以用算术积（product）代替，max 可以用有界和（bounded sum）代替，这样得到常用的四种模糊推理方法，即 max-min，max-product，sum-min，sum-product。

（6）选择解模糊方法。

5.2 气动位置伺服系统的线性插值模糊控制

离散论域模糊控制 D-FC 采用离线计算在线查询的查表方式，具有运算速度快、容易实现、实时性强等优点，在实际系统中广泛应用，但这是以降低系统稳态精度为代价的。线性插值模糊控制（linear interpolation fuzzy controller，LI-D-FC）将线性插值查表法引入到模糊控制，使得控制器输出连续的控制信号且不需要输入的量化处理，从而提高系统的稳态精度，消除振荡现象[2]。文献 [3] 和 [4] 将其分别应用在电液位置伺服控制和锅炉压力控制中，与传统的 D – FC 相比，提高了稳态精度，同样可以将其应用到气动位置伺服系统。

5.2.1 离散论域模糊控制

当论域为离散时，经过量化后的输入量的个数是有限的。因此，可以针对输入情况的不同组合，离线计算出相应的控制量，从而组成一张模糊控制查询表，实际控制时只要直接查表即可，在线运算量小。这种离线计算、在线查表的模糊控制方法容易在实时控制中实现。图 5 –4 所示为离散论域模糊控制 D – FC 的在线算法框图，e、ec 和 u 为实数域上的连续量，e^*、ec^* 和 u^* 为离散论域上的输入或输出量，k_1、k_2、k_3 为论域变换的比例因子。

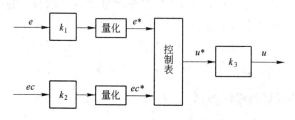

图 5 –4 D – FC 在线算法框图

由于输入的量化和输出的不连续，导致 D – FC 存在稳态误差大的问题，下面从处理输入输出的方法进行分析。

5.2.1.1 对于误差输入信号

把误差输入信号转化为离散论域上的点的运算为：

$$e^* = \text{INT}(k_1 e + 0.5) \tag{5 –24}$$

可见，当 $e^* = 0$ 时，仍有

$$|k_1 e| < 0.5 \tag{5 –25}$$

也就是说，D – FC 无法消除 $|e| < 0.5/k_1$ 的稳态误差。

由于将连续的输入误差变量整量化，必然产生稳态误差 $|e| < 0.5/k_1$。增加量化级数，比例因子增大，量化误差减小，控制精度提高，但模糊关系矩阵 **R** 中的元素将增加，不仅占内存多，而且给设计工作带来很多困难。

5.2.1.2　对于控制作用

若模糊控制器采用控制量的增量作为输出，这相当于引入了积分作用，有利于消除稳态误差。然而，u^* 是解模糊后的离散点，不连续，因而控制作用不细腻，不利用消除稳态误差。例如：到某一时刻，误差为 0，维持对象工作在这一点的控制作用应该是某一稳态值，设为 u_n，那么，希望模糊控制器的控制输出此时等于 u_n，即希望

$$\sum_{i=0}^{n} k_3 u_i^* = u_n \qquad (5-26)$$

由于 u_i^* 不连续，式（5 - 26）一般不能精确地成立，这就造成控制对象的状态还会变化，误差不能自此就维持为 0。可见，改为增量式输出（控制器的输出为控制量的增量），相当于在比例因子 k_3 后加了一个积分器。但由于 u^* 只能分挡地改变，增量式输出也只能减小静差，而不能保证消除静差。

另外，D - FC 类似于多值继电器特性，系统不仅存在静态误差，而且容易产生静态工作点附近的极限环振荡。

5.2.2　线性插值模糊控制

根据 D - FC 原理，可以针对某一控制系统建立一个控制查询表。通常，控制查询表为二维，其行和列的索引为间隔为 1 的整数，行和列分别对应于一个输入量。按照传统的 D - FC 设计过程，应用其控制查询表的过程如图 5 - 4 所示：输入误差 e 和误差的变化 ec 经比例因子 k_1 和 k_2 进行论域变换，再经量化处理后得到离散论域上的 e^* 和 ec^*，查控制查询表得到（e^*，ec^*）对应的离散论域上的 u^*，u^* 经比例因子 k_3 进行论域反变换得到实际变化范围内的控制量输出 u。这样，控制器的输出局限在控制查询表中列出的有限值上，是不连续的。该查表方法也正是导致 D - FC 控制精度低和振荡的原因。

如果采用插值查表法，输入信号不做量化处理，依据表中相邻索引点的值，经过插值算法计算得出对应的输出，使得控制器的输出不局限在控制查询表列出的有限值上，是连续的。这样，可以克服传统 D - FC 由输入量化和输出的不连续引起的稳态精度低和振荡问题。二维插值算法很多，这里选择双线性插值算法。把引入二维

线性插值算法的 D – FC 称为线性插值模糊控制（LI – D – FC），图
5 – 5 所示为 LI – D – FC 的在线算法框图。输入 e 和 ec 经比例因子 k_1
和 k_2 论域变换得到连续量 e^* 和 ec^*，采用插值查表法查控制表得到
（e^*，ec^*）对应的连续输出量 u^*，u^* 经比例因子 k_3 进行论域反变
换得到实际变化范围内的控制量输出 u。

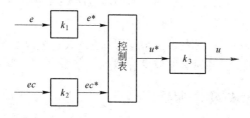

图 5 – 5　LI – D – FC 在线算法框图

LI – D – FC 和 D – FC 都需要根据传统 D – FC 原理建立的控制查
询表，区别仅在于查表方式的不同。下面推导双线性插值算法。

二维插值问题描述：已知某未知二维函数 f 在 $A(i,j)$，$B(i+1,$
$j)$，$C(i+1,j+1)$ 和 $D(i,j+1)$ 四个点的值，求函数 f 在 $G(i+u,j+v)$
点的值。其中 i,j 均为整数，u,v 为 $[0,1)$ 区间的浮点数。该问题可用图
5 – 6 所示图形描述，A、B、C 和 D 四个点围成边长为 1 的正方形 $ABCD$，
G 可以为正方形内或四边除顶点外的所有点。

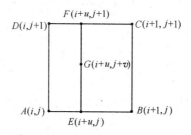

图 5 – 6　双线性插值原理示意图

双线性插值原理：先在 A 点和 B 点间线性插值得到 E 点的值，再
在 C 点和 D 点间线性插值得到 F 点的值，然后在 E 点和 F 点间经线性
插值得到 G 点的值。

按上述原理，得

$$f(E) = f(i + u, j) = (1 - u)f(i, j) + uf(i + 1, j) \quad (5 - 27)$$

$$f(F) = f(i + u, j + 1) = (1 - u)f(i, j + 1) + uf(i + 1, j + 1)$$
$$(5 - 28)$$

$$\begin{aligned} f(G) &= f(i + u, j + v) = (1 - u)(1 - v)f(i, j) + \\ &\quad (1 - u)vf(i, j + 1) + (1 - v)uf(i + 1, j) + \\ &\quad uvf(i + 1, j + 1) \end{aligned} \quad (5 - 29)$$

式（5 - 29）即为双线性插值算法表达式。可以看出，插值点上的值是由相邻四个点的值加权求和得到。

5.2.3　离散论域模糊控制器设计

以比例流量阀控摆动气缸为例，采用 LI - D - FC 的气动位置伺服系统，如图 5 - 7 所示。控制器的输入为摆动缸的角位移偏差 e 和偏差的变化 ec，输出为比例流量阀的控制信号 u。LI - D - FC 的核心是控制查询表和插值算法，插值算法在 5.2.2 节已经得出，本节重点为控制查询表的获取过程。首先根据模糊控制原理设计 D - FC，然后离线推理得出控制查询表。

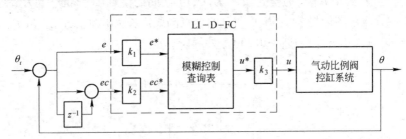

图 5 - 7　采用 LI - D - FC 的气动位置伺服系统原理框图

5.2.3.1　D - FC 设计

A　确定输入和输出变量的基本论域和论域

e、ec、u 的实际变化范围分别为 [- 270°，270°]，[- 500°/s，500°/s]，[- 1.13V，1.13V]，离散论域均为：

$$\{ -6, \ -5, \ -4, \ -3, \ -2, \ -1, \ 0, \ 1, \ 2, \ 3, \ 4, \ 5, \ 6 \}$$

则比例因子为：

$$k_1 = 6/270, \ k_2 = 6/500, \ k_3 = 1.13/6 \qquad (5-30)$$

e、ec、u 的量化等级均为 13。

B 定义输入和输出变量的模糊子集及隶属函数

对偏差 e 定义八个模糊子集，分别用 PB、PM、PS、PZ、NZ、NS、NM 和 NB 表示，对应的隶属函数见表 5-2。对偏差的变化 ec 定义七个模糊子集，分别为 PB1、PM1、PS1、Z1、NS1、NM1 和 NB1，对应的隶属函数见表 5-3。对控制量 u 定义七个模糊集，分别为 PB2、PM2、PS2、Z2、NS2、NM2 和 NB2，对应的隶属函数见表 5-4。表中空格处为 0。偏差模糊集区分了 NZ 和 PZ，目的是提高稳态精度。

表 5-2 偏差的模糊子集隶属函数表

隶属度		偏差 e 的论域											
		-6	-5	-4	-3	-2	-1	0	1	2	3	4	5	6
模糊子集	NB	1	0.7	0.2										
	NM	0.2	0.7	1	0.7	0.3								
	NS		0.1	0.3	0.7	1	0.7	0.2						
	NZ					0.1	0.6	1						
	PZ							1	0.6	0.1				
	PS							0.2	0.7	1	0.7	0.3	0.1	
	PM									0.2	0.7	1	0.7	0.3
	PB											0.2	0.7	1

表 5-3 偏差的变化 ec 的模糊子集隶属函数表

隶属度		偏差的变化 ec 的论域											
		-6	-5	-4	-3	-2	-1	0	1	2	3	4	5	6
模糊子集	NB1	1	0.7	0.3										
	NM1	0.3	0.7	1	0.7	0.3								
	NS1			0.3	0.7	1	0.7	0.3						
	Z1					0.3	0.7	1	0.7	0.3				
	PS1							0.3	0.7	1	0.7	0.3		
	PM1									0.3	0.7	1	0.7	0.3
	PB1											0.3	0.7	1

表5-4 控制量 u 的模糊子集隶属函数表

隶属度		控制量 u 的论域												
		-6	-5	-4	-3	-2	-1	0	1	2	3	4	5	6
模糊子集	NB2	1	0.7	0.3										
	NM2	0.3	0.7	1	0.7	0.3								
	NS2			0.3	0.7	1	0.7	0.3						
	Z2					0.3	0.7	1	0.7	0.3				
	PS2							0.3	0.7	1	0.7	0.3		
	PM2									0.3	0.7	1	0.7	0.3
	PB2											0.3	0.7	1

C 建立模糊控制规则

根据系统输出的误差及误差的变化趋势来消除误差的思想设计模糊控制规则,见表5-5。表中共有56条模糊条件语句表示的模糊规则,如第一行第一列表示的第1条规则 $R1$ 为:

if e = NB and ec = NB1 then u = NB2

表5-5 模糊控制规则表

控制量 u		偏差的变化 ec						
		NB1	NM1	NS1	Z1	PS1	PM1	PB1
偏差 e	NB	NB2	NB2	NB2	NB2	NB2	NB2	NM2
	NM	NB2	NB2	NB2	NB2	NM2	NM2	NS2
	NS	NM2	NM2	NM2	NS2	Z2	PS2	PS2
	NZ	NM2	NM2	NS2	Z2	PS2	PS2	PM2
	PZ	NM2	NS2	NS2	Z2	PS2	PM2	PM2
	PS	NS2	NS2	Z2	PS2	PM2	PM2	PM2
	PM	PS2	PM2	PM2	PB2	PB2	PB2	PB2
	PB	PM2	PB2	PB2	PB2	PB2	PB2	PB2

D 选择模糊推理、模糊化和解模糊的方法

采用单点模糊化、加权平均解模糊法、max – min 合成推理方法。

5.2.3.2 模糊控制查询表求取

对于离散论域上的 e^* 和 ec^* 的所有组合，按照上述设计的 D – FC，求出对应的离散论域上的控制量 u^*。

控制规则 R1 所确立的模糊关系 $\boldsymbol{R}_1$ 为：

$$\boldsymbol{R}_1 = \text{NB} \times \text{NB1} \times \text{NB2} \qquad (5-31)$$

根据式（5-6）和式（5-7）计算 NB×NB1，结果是一个 13×13 的模糊关系矩阵，将其按行排成矢量，再去与 NB2 求直积，得到 $\boldsymbol{R}_1$，因此 $\boldsymbol{R}_1$ 是一个（13×13）×13 的模糊关系矩阵。同理可得到其他控制规则对应的模糊关系阵 $\boldsymbol{R}_2 \sim \boldsymbol{R}_{56}$，也是（13×13）×13 的模糊关系矩阵。

根据式（5-13），上述所建立的 56 条模糊控制规则集确立的模糊关系 $\boldsymbol{R}$ 为：

$$\boldsymbol{R} = \bigcup_{i=1}^{56} \boldsymbol{R}_i \qquad (5-32)$$

$\boldsymbol{R}$ 也是一个（13×13）×13 的模糊关系矩阵表示。

以 $e^* = -6$，$ec^* = -6$ 为例，求输出量 u^*。采用单点模糊化，则 $\boldsymbol{E}' = [1\ 0\ 0\ \cdots\ 0]_{1\times13}$，$\boldsymbol{EC}' = [1\ 0\ 0\ \cdots\ 0]_{1\times13}$，输出模糊向量 $\boldsymbol{U}'$ 为：

$$\boldsymbol{U}' = (\boldsymbol{E}' \times \boldsymbol{EC}') \circ \boldsymbol{R} \qquad (5-33)$$

根据式（5-6）和式（5-7）计算 $\boldsymbol{E}' \times \boldsymbol{EC}'$，结果是一个第一行第一列元素为 1 其余元素全为 0 的 13×13 的模糊关系矩阵，将其按行排成矢量，再去与 $\boldsymbol{R}$ 合成，即得 $\boldsymbol{U}'$。由于 $\boldsymbol{E}' \times \boldsymbol{EC}'$ 此时只有第一个元素为 1，其他元素为 0，因此，$\boldsymbol{U}'$ 由 $\boldsymbol{R}$ 的第一行构成。

采用式（5-33）表示的加权平均解模糊法，得出 $\boldsymbol{U}'$ 对应的输出 u^*。

用同样的方法，对每对输入，都可以求出相应的输出，将其整理得模糊查询表，见表 5-6。控制表的求解采用计算机编程实现。

表 5 - 6 模糊控制查询表

u^*	ec^*												
	-6	-5	-4	-3	-2	-1	0	1	2	3	4	5	6
e^* = -6	-5.35	-5.24	-5.35	-5.24	-5.35	-5.24	-4.88	-4.71	-4.88	-4.71	-4.13	-3.83	-3.59
-5	-4.95	-4.95	-4.95	-4.95	-4.52	-4.52	-3.78	-3.71	-3.32	-3.32	-3.05	-2.80	-2.51
-4	-4.69	-4.52	-4.69	-4.52	-3.91	-3.69	-3.05	-2.93	-1.94	-1.80	-1.94	-1.75	-1.31
-3	-4.26	-4.26	-4.26	-4.26	-3.65	-3.27	-2.60	-2.27	-1.42	-0.94	-1.00	-1.06	-0.58
-2	-4.00	-4.00	-3.78	-3.76	-3.16	-2.79	-1.75	-1.37	-0.69	-0.25	0.16	0.04	0.16
-1	-4.00	-4.00	-3.36	-3.08	-2.47	-2.09	-1.06	-0.09	0.33	1.00	2.00	2.92	2.92
0	-3.42	-3.00	-2.65	-2.60	-1.52	-1.00	0	1.00	1.52	2.60	2.65	3.00	3.42
1	-2.92	-2.92	-2.00	-1.00	-0.33	0.09	1.06	2.09	2.47	3.08	3.36	4.00	4.00
2	-0.66	-0.56	-0.57	-0.10	0.48	1.19	1.75	2.79	3.16	3.76	3.78	4.00	4.00
3	0.58	1.06	1.00	0.94	1.42	2.27	2.60	3.27	3.65	4.26	4.26	4.26	4.26
4	1.31	1.75	1.94	1.80	1.94	2.93	3.05	3.69	3.91	4.52	4.69	4.52	4.69
5	2.51	2.80	3.05	3.32	3.32	3.71	3.78	4.52	4.52	4.95	4.95	4.95	4.95
6	3.42	3.65	3.91	4.52	4.69	4.52	4.69	5.25	5.35	5.24	5.35	5.24	5.35

5.2.4 仿真结果

5.2.4.1 仿真模型

利用 AMESim 和 Simulink 联合仿真技术对气动位置线性插值模糊控制系统进行仿真验证。阀控缸系统的非线性模型在 AMESim 中建立，线性插值模糊控制器在 MATLAB/Simulink 中实现，两者通过联合仿真技术连接。在图 3 - 26 所示气动系统 AMESim 模型基础上，增加 AMESim 和 Simulink 的接口模块，即可得到 AMESim 和 Simulink 联合仿真的 AMESim 模型，如图 5 - 8 所示。图中，Controller 表示控制器，是 AMESim - Simulink 接口模块，其输入为实际位移，输出为阀控制量。按照图 5 - 7 所示控制系统框图，在 Matlab/Simulink 下构建采用线性插值模糊控制 LI - D - FC 的控制系统模型，如图 5 - 9 所示。图中，由 S 函数调用气动阀控缸系统 AMESim 模型，用二维查询表模块储存模糊控制表，选择查表方式为 " Interpolation - Use End Values " 即可实现双线性插值查表。

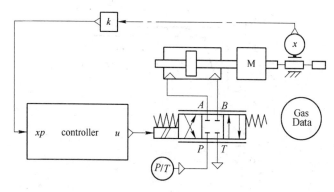

图 5-8 气动系统 AMESim 模型

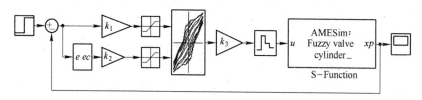

图 5-9 控制系统 Simulink 模型

5.2.4.2 仿真结果

气动系统参数与3.4.1节相同，模糊控制器的比例因子 k_1、k_2、k_3 分别取 0.02、0.2 和 0.2。在供气压力为 0.51 MPa、负载转动惯量为 167.78 $kg \cdot cm^2$ 的条件下进行仿真试验。

采用 LI-D-FC 和 D-FC，幅值为 50°~135° 的阶跃信号作用下的响应曲线如图 5-10 所示。由图中曲线可以看出，D-FC 的稳态误差较大，而 LI-D-FC 的稳态误差很小，两者动态性能基本一样。表明 LI-D-FC 克服了 D-FC 由于离散化引起的稳态误差问题。

采用 LI-D-FC，给定分别为阶梯信号和方波信号时的仿真曲线，如图 5-11 和图 5-12 所示。可以看出，在不同位置都具有良好的静态和动态性能，且长期重复运行时系统特性不变。

仿真结果表明，采用 LI-D-FC，对于行程范围内的任意位置，系统都具有良好动态响应特性，且与传统的离散论域模糊控制 D-FC 相比稳态误差大大减小。

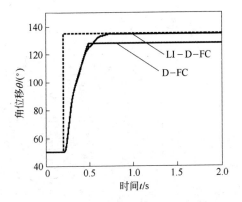

图 5 - 10 采用 LI - D - FC 和 D - FC 的响应曲线

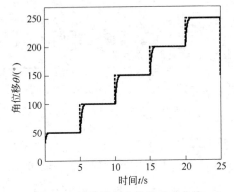

图 5 - 11 阶梯给定信号响应曲线

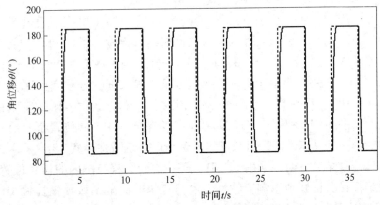

图 5 - 12 方波给定信号响应曲线

5.3　气动位置伺服系统变参数双模糊控制器

带调整因子的模糊控制器采用解析表达式描述控制规则，简单方便，更易于计算机实现[5]。文献［6］针对比例阀控缸气动位置伺服系统由于摩擦力的存在而引起稳态误差大的特点，基于带调整因子的模糊控制器，设计了变参数双模糊控制器，即根据偏差切换"粗调"和"细调"模糊控制器，两个控制器控制规则相同，但参数不同。

5.3.1　带调整因子的模糊控制器原理

带调整因子的模糊控制器是以系统给定值和实际输出值的偏差 e 及偏差的变化 ec 为输入、控制量 u 为输出的二维模糊控制器。

设偏差的基本论域为 $[-x_e, x_e]$，偏差变化的基本论域为 $[-x_{ec}, x_{ec}]$，控制量的基本论域为 $[-u_{max}, u_{max}]$。偏差、偏差的变化及控制量的模糊子集的论域均取为：

$$\{E\} = \{EC\} = \{U\}$$
$$= \{-m, -m+1, \cdots, -1, 0, 1, \cdots, m-1, m\}$$

带调整因子的模糊控制规则可用一个解析表达式来描述：

$$U = \ <\alpha E + (1-\alpha)EC>, \alpha \in (0,1) \qquad (5-34)$$

其中，算子 $<x>$ 表示取一个与 x 同号且最不小于 x 的整数：

$$<x> = \begin{cases} \text{INT}(x)+1 & x \ \text{为大于零的非整数} \\ x & x \ \text{为整数} \\ \text{INT}(x)-1 & x \ \text{为小于零的非整数} \end{cases} \qquad (5-35)$$

式中，INT（x）表示对 x 取整；E、EC 和 U 为偏差、偏差变化率和控制量的量化值。α 为调整因子，通过调整 α 值的大小，可以改变对误差和误差变化的不同加权程度。不同的 α 对应不同的控制规则。

模糊控制器的输入变量从基本论域转换到相应的模糊子集的论域的量化过程为：

$$E = \begin{cases} m & k_e e > m \\ \text{sign}(e)\text{INT}(|k_e e| + 0.5) & m < k_e e < -m \\ -m & k_e e < -m \end{cases} \qquad (5-36)$$

$$EC = \begin{cases} m & k_{ec}ec > m \\ \text{sign}(ec)\text{INT}(k_{ec}\mid ec\mid + 0.5) & m < k_{ec}ec < -m \\ -m & k_{ec}ec < -m \end{cases} \quad (5-37)$$

式中，sign（ ）为符号函数；k_e、k_{ec} 为量化因子。

模糊控制器的输出变量（控制量）从其模糊子集的论域到基本论域的变换为：

$$u = \begin{cases} u_{max} & k_u u > u_{max} \\ k_u u & u_{max} > k_u u > -u_{max} \\ -u_{max} & k_u u < -u_{max} \end{cases} \quad (5-38)$$

式中，k_u 为比例因子。

图 5-13 所示为带调整因子的模糊控制器的方块图。

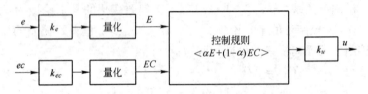

图 5-13　带调整因子的模糊控制器

量化因子及比例因子对系统动静特性有很大影响：

（1）由量化误差 $\mid e\mid$ ＜ $0.5/k_e$ 可知，k_e 增加，由量化误差引起的稳态偏差将减小；但是，k_e 取得过大，将使系统产生较大的超调，调节时间增大，甚至产生震荡，使系统不能稳定工作。

（2）k_{ec} 选择较大时，超调量减小，但系统的响应速度变慢。k_{ec} 对超调的遏制作用十分明显。

（3）k_u 相当于常规系统中的比例增益，它主要影响控制系统的动态性能。一般 k_u 加大，上升速度就快。但 k_u 过大，将产生较大的超调，严重时会影响稳态工作，和一般控制系统不同的是，k_u 一般不影响系统的稳态误差。

5.3.2　变参数双模糊控制器

根据前面的分析，受系统稳定性限制，模糊控制器的量化因子

k_e 不能太大，因此最大量化误差 $|e| = 0.5/k_e$ 较大，由量化误差引起的稳态偏差限制了系统控制精度的提高。

为此，文献[6]设计了一个基于经验的变参数双模糊控制器，其控制切换开关在 $|e| = e_0$ 处，其主要思想表现在以下三点：

（1）在 $|e| \geqslant e_0$ 时，控制的重点是满足快速性要求，采用"粗调"模糊控制器。

（2）在 $|e| < e_0$ 时，控制的重点则转移到满足准确性要求，采用"细调"模糊控制器。

（3）根据 5.3.1 节的分析，在控制规则确定时，量化参数 k_e、k_{ec}、k_u 决定系统的控制性能。在"粗调"和"细调"模糊控制器中，都采用带调整因子的模糊控制规则，通过两组不同的量化参数来满足各自的要求。

变参数双模糊控制器切换过程示意图如图 5-14 所示。由其控制的气动位置伺服系统如图 5-15 所示。图 5-15 中，θ_r 和 θ 分别为系统给定摆动缸位置值和实际位置，偏差 $e = \theta_r - \theta$，偏差的变化 $ec = e(k) - e(k-1)$。

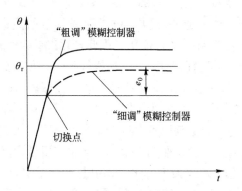

图 5-14 控制器的切换过程示意图

5.3.3 变参数双模糊控制器的参数设定

5.3.3.1 切换值 e_0 的选择

如果在"粗调"模糊控制器的 $|E| \leqslant n$ 时进行细调，则 $k_e e_0 =$

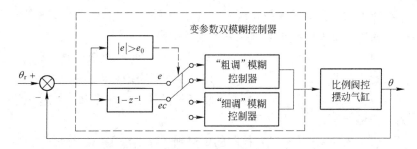

图 5-15 变参数双模糊控制器控制的摆动缸位置伺服系统方块图

$n+0.5$，即 $e_0 = (n+0.5) / k_e$。

5.3.3.2 "粗调"模糊控制器的参数设定

在保证系统稳定的前提下，尽可能地加大 k_e 和 k_u 以满足快速性要求，k_{ec} 可选得较小。

5.3.3.3 "细调"模糊控制器的参数设定

为了与"粗调"模糊控制器相区别，"细调"模糊控制器的比例和量化因子用 k'_e、k'_{ec}、k'_u 来表示。

如果在"粗调"控制器的 $|E| \leqslant 1$ 时进行细调，可以初步选 $k'_e = mk_e$，$k'_{ec} = mk_{ec}$，使"粗调"和"细调"时的模糊集论域相同。这样量化因子 k'_e 为粗调时的 m 倍，因此量化误差大大减小。

比例因子 k'_u 的选择很重要。气动执行元件具有较大的摩擦力，在接近稳态时，运动速度很低，系统处于非线性摩擦力的影响区间。此时驱动力的大部分用于抵消非线性摩擦力上，只有小部分用来控制其运动。如果 k'_u 过大，会使驱动力过大而产生振荡，甚至造成系统的不稳定。如果 k'_u 过小，会使驱动力太小，无法克服最大静摩擦力，由此引起较大的稳态偏差（大于量化误差引起的稳态偏差），同时，也会使过渡过程很慢。所以，k'_u 的值要适中。确定了 k'_u 之后，在使系统稳定的前提下，尽可能地取较大的 k'_e 以获得较高的控制精度。

5.3.4 试验结果

在供气压力 $P_s = 0.34\text{MPa}$，采样周期 $T_s = 10\text{ms}$，$u_0 = 2.75\text{V}$ 的条件下，进行了试验研究。

通过仿真研究和试验调试，得到变参数双模糊控制器的参数为：$m = 5$，$n = 1$，$e_0 = 25°$，$a = 0.5$；$k_e = 0.06$，$k_{ec} = 0.1$，$k_u = 0.5$；$k_e' = 0.3$，$k_{ec}' = 0.5$，$k_u' = 0.167$。图 5 – 16 所示为给定行程中位 135° 时，采用单模糊控制器（仅采用"粗调"模糊控制器）和变参数双模糊控制器的试验结果曲线，表 5 – 7 为给定值不同时采用不同控制器的稳态偏差。

表 5 – 7　给定值不同时采用不同控制器的稳态偏差

给定值/(°)	5	10	50	100	135	150	200	250	260	265
单模糊控制器	×	×	3.12	0.8	– 3.22	– 2.92	– 2.8	– 8.3	– 0.65	×
双模糊控制器	1.55	1.07	1.4	0.77	0.9	– 0.37	– 0.1	0.47	0.03	– 1.62

注：表中×表示无法实现。

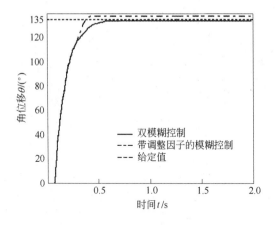

图 5 – 16　单模糊控制器和双模糊控制器试验结果比较

当 k_u 选择适当时，系统稳态偏差主要由量化误差引起，从理论上可计算得出：单模糊控制器的稳态偏差范围 $|e_s| < 0.5/k_e = 8.3°$，双模糊控制器的稳态偏差范围 $|e_s| < 0.5/k_u' = 1.67°$。从表 5 –7 可以看出不同给定值下的稳态偏差值均在理论计算值范围内。采用双模糊控制器，减小了稳态偏差，提高了控制精度。

　　图 5 - 17 和图 5 - 18 所示为采用变参数双模糊控制器,给定分别为阶梯信号和方波信号时的试验结果。

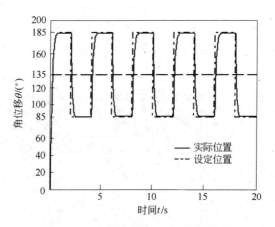

图 5 - 17　方波给定信号试验结果曲线

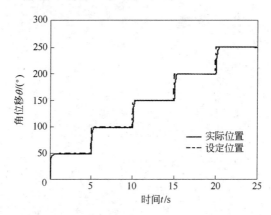

图 5 - 18　阶梯给定信号试验结果曲线

　　空载时系统转动惯量为 $72 \times 10^{-6}\,kg \cdot m^2$。在负载转动惯量为 $2800 \times 10^{-6}\,kg \cdot m^2$,不同阶跃信号作用下,进行了试验研究,试验结果如图 5 - 19 所示。可以看出,负载时系统的动态和静态特性基本保持不变。

　　试验结果表明,采用变参数双模糊控制器,在不同给定信号时,

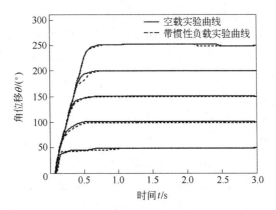

图 5 - 19 不同阶跃信号作用下空载与带负载时的试验结果

控制器参数保持不变，都能达到较好的控制效果，而且受负载影响不大，具有过渡过程时间短、无超调或超调很小、鲁棒性强、与单模糊控制器相比控制精度高等特点。

5.4 气动位置伺服系统 T－S 型模糊状态反馈控制

位置、速度和压力差微分反馈（PVDDP）控制器的参数在系统运行过程中是固定不变的，而不同工作点位置或负载下，系统的特性不同。如果工作点位置或负载变化较大，采用根据某一负载和工作点位置设计的 PVDDP 控制器，无法获得满意的控制效果。文献［7］将 T－S 模糊模型与 PVDDP 控制相结合，得到能够适应工作点位置和负载变化的 T－S 型模糊状态反馈非线性控制策略。

5.4.1 基于 T－S 模型的模糊控制原理

T－S 模型是日本学者高木（Takagi）和衫野（Sugeno）于 1985年提出的一种动态系统的模糊模型，其特点是规则的前提采用模糊量形式，结论则采用精确量的线性方程的形式。T－S 模型的基本思想是：将整个输入空间划分成若干模糊子空间，在每个子空间中建立局部线性模型，然后把各个局部线性模型用模糊隶属函数连接起来，由此得到系统的模糊模型。T－S 模型可以看做是非线性控制理论中分段线性化思想的扩展，每个模糊子空间中的局部模型是线性模型，方便了线性系统理论的应用[5]。

T - S 模型既可以表示控制对象的模型，也可以表示控制器的模型。下面介绍单输入单输出系统的基于状态方程的 T - S 模型结构及其控制器的设计。

5.4.1.1 连续系统的 T - S 模糊模型

描述单输入单输出非线性系统的 T - S 模糊规则为[8]：

$$\boldsymbol{R}^i : \text{if } z_1 \text{ is } F_{i1} \text{ and } z_2 \text{ is } F_{i2} \cdots \text{ and } z_l \text{ is } F_{il} \text{ then}$$

$$\begin{cases} \dot{\boldsymbol{x}}(t) = \boldsymbol{A}_i \boldsymbol{x}(t) + \boldsymbol{B}_i u(t) \\ y(t) = \boldsymbol{C}_i \boldsymbol{x}(t) \qquad i = 1,2,\cdots,r \end{cases} \tag{5-39}$$

式中，$\boldsymbol{R}^i$ 表示第 i 条模糊规则；F_{ij} 是模糊子集；$\boldsymbol{z} = [z_1, z_2, \cdots, z_l]^{\mathrm{T}}$ 是前提向量；$\boldsymbol{x} \in R^n$ 是状态向量；u 是系统的控制输入；y 是系统的输出；$\boldsymbol{A}_i \in R^{n \times n}$，$\boldsymbol{B}_i \in R^{n \times 1}$ 和 $\boldsymbol{C}_i \in R^{1 \times n}$ 分别是系统矩阵、输入矩阵和输出矩阵。

前提向量 $\boldsymbol{z}$ 中的元素 z_i 为前提变量，可以是状态变量，也可以是其他物理量。前提向量是非线性系统划分模糊线性子空间的依据。

由上述 r 条规则（亦称 r 个子系统）构成系统的 T - S 模糊模型。通过单点模糊化、乘积推理和中心平均反模糊化方法，可得到系统的全局模型：

$$\begin{cases} \dot{\boldsymbol{x}}(t) = \dfrac{\displaystyle\sum_{i=1}^{r} \alpha_i(\boldsymbol{z}(t))[\boldsymbol{A}_i \boldsymbol{x}(t) + \boldsymbol{B}_i \boldsymbol{u}(t)]}{\displaystyle\sum_{i=1}^{r} \alpha_i(\boldsymbol{z}(t))} \\ \qquad = \displaystyle\sum_{i=1}^{r} \mu_i(\boldsymbol{z}(t)) \boldsymbol{A}_i \boldsymbol{x}(t) + \sum_{i=1}^{r} \mu_i(\boldsymbol{z}(t)) \boldsymbol{B}_i \boldsymbol{u}(t) \quad (5-40) \\ y(t) = \dfrac{\displaystyle\sum_{i=1}^{r} \alpha_i(\boldsymbol{z}(t)) \boldsymbol{C}_i x(t)}{\displaystyle\sum_{i=1}^{r} \alpha_i(\boldsymbol{z}(t))} = \sum_{i=1}^{r} \mu_i(\boldsymbol{z}(t)) \boldsymbol{C}_i \boldsymbol{x}(t) \end{cases}$$

式中

$$\alpha_i(\boldsymbol{z}(t)) = \prod_{j=1}^{l} F_{ij}(z_j(t)) \,, \mu_i(\boldsymbol{z}(t)) = \frac{\alpha_i(\boldsymbol{z}(t))}{\displaystyle\sum_{i=1}^{r} \alpha_i(\boldsymbol{z}(t))}$$

$$\tag{5-41}$$

$F_{ij}(z_j(t))$ 是 $z_j(t)$ 关于模糊集 F_{ij} 的隶属函数，$\alpha_i(z(t))$ 满足

$$\alpha_i(z(t)) \geqslant 0, \quad \sum_{i=1}^{r} \alpha_i(z(t)) > 0, i = 1, 2, \cdots, r$$

而且有

$$\mu_i(z(t)) \geqslant 0, \quad \sum_{i=1}^{r} \mu_i(z(t)) = 1, i = 1, 2, \cdots, r$$

式 (5-40) 形式上虽与线性系统的表达式类似，但其系数是随着前提变量变化的。用 T-S 模型表示的系统是系数随着前提变量变化的非线性系统，其系数的变化使得系统呈现出高度的非线性。

5.4.1.2　T-S 型模糊控制器

一般 T-S 型模糊控制器的设计依据平行分布补偿算法（parallel distributed compensation, PDC）。所谓平行分布补偿算法就是每一条控制模糊规则的前提与相应的系统模糊规则的前提相同。

对于式 (5-39) 所表示的模糊系统，由于每个子系统是线性系统，因而可以根据线性系统理论对每个子系统设计局部线性状态反馈控制器，根据 PDC 原理，T-S 型模糊控制器的模糊控制规则描述为：

$$\boldsymbol{R}^i: \text{if } z_1 \text{ is } F_{i1} \text{ and } z_2 \text{ is } F_{i2} \cdots \text{ and } z_l \text{ is } F_{il} \text{ then}$$
$$u(t) = \boldsymbol{K}_i \boldsymbol{x}(t) \qquad\qquad i = 1, 2, \cdots, r \qquad (5-42)$$

式中，$\boldsymbol{K}_i = [k_{i1}, k_{i2}, \cdots, k_{in}]$ 为常数增益向量。

整个系统的控制输出为每个子系统控制输出的加权组合，即

$$u(t) = \frac{\sum_{i=1}^{r} \alpha_i(z(t))\boldsymbol{K}_i\boldsymbol{x}(t)}{\sum_{i=1}^{r} \alpha_i(z(t))} = \sum_{i=1}^{r} \mu_i(z(t))\boldsymbol{K}_i\boldsymbol{x}(t) \quad (5-43)$$

由式 (5-43) 可以看出，用 T-S 模型表示的控制器是增益可变的非线性控制器。

5.4.2　气动位置伺服系统 T-S 型模糊控制器设计

气动位置伺服系统的特性受工作点位置和负载大小的影响，如

果工作点位置或负载变化范围较大，采用根据某一负载和工作点位置设计的固定增益的控制器无法获得满意的控制效果。根据 T－S 模型的思想，可以将气动位置伺服系统划分为若干线性子系统，设计各子系统的局部控制器，通过隶属函数将各局部控制器连接，即得能够适应负载和工作点位置的非线性控制器。

对于气动位置伺服系统，建立其 T－S 型模糊控制器的关键技术包括前提变量的选择、线性子系统的划分、模糊子集隶属函数的确定以及各子系统线性局部控制器的设计等。下面以摆动气缸位置伺服系统为例，介绍控制器的设计。

5.4.2.1 前提变量的选择

通过系统辨识建模和系统特性试验研究得出，在与摆动缸行程中位对称位置，系统特性相同，且系统特性与 $1/(\theta_{10} + \theta)(\theta_{20} + \Psi - \theta)$ 的值直接相关（3.2 节和 3.4 节）；转动惯量对系统特性的影响主要是其开方后的值，而不是其本身（见式（4－13）和式（4－14））。因此，前提变量确定为：

$$z_1 = \frac{1}{\sqrt{J}} , z_2 = \frac{1}{(\theta_{10} + \theta)(\theta_{20} + \psi - \theta)} \qquad (5-44)$$

图 5－20 所示为根据式（5－44）得到的 z_1 与 J 和 z_2 与 θ 的关系曲线。

由图 5－20（a）可见，当 J 较小时，z_1 变化剧烈；J 越大，z_1 变化越缓慢。由图 5－20(b)可见，在摆动气缸的中位 135°附近，z_2 变化缓慢，即系统特性随工作点位置变化较小；而越靠近端位，z_2 变化越快，即系统特性随工作点位置变化较大。

5.4.2.2 子系统的划分

前提变量选择了惯性负载和工作点位置的非线性函数，而不是其本身，能够更充分地反映惯性负载和工作点位置对系统特性的影响程度。因此，各子系统的工作点根据前提变量以及可得到的试验负载大小（不连续）来确定。以前提变量基本均匀划分及对系统特性影响大小为原则选择建模工作点，所选择的建模工作点见表 5－8，表中行表示位置的划分，列表示负载转动惯量的划分，共 15 个工作点，每个建模工作点对应于两个与中位对称的工作点位置。

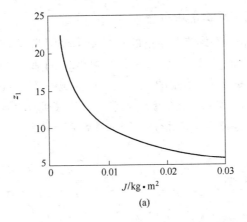

(a)

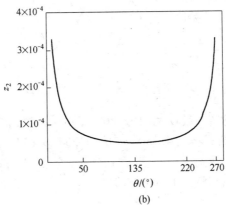

(b)

图 5-20 z_1 与 J 和 z_2 与 θ 的关系曲线

(a) z_1 与 J 关系曲线;(b) z_2 与 θ 关系曲线

表 5-8 建模工作点

$J/\mathrm{kg}\cdot\mathrm{m}^2$	z_1	$\theta = 135°$ $z_2 = 4.756 \times 10^{-5}$	$\theta = 50°$ 或 $220°$ $z_2 = 7.246 \times 10^{-5}$	$\theta = 20°$ 或 $250°$ $z_2 = 12.82 \times 10^{-5}$
0.004878	14.3	O (1)	O (2)	O (3)
0.008078	11.1	O (4)	O (5)	O (6)
0.011278	9.4	O (7)	O (8)	O (9)
0.017678	7.5	O (10)	O (11)	O (12)
0.022798	6.6	O (13)	O (14)	O (15)

5.4.2.3　模糊子集的确定

本研究中，负载转动惯量的实际变化范围为 $[0.00053\text{kg}\cdot\text{m}^2,$ $0.022798\text{kg}\cdot\text{m}^2]$，根据式（5-44）可得 z_1 的基本论域 $U_1 = [6.6,$ $43.4]$。根据表5-8确定的工作点，在论域 U_1 上将 z_1 划分为 FL_1、FL_2、FL_3、FL_4 和 FL_5 五个模糊子空间，考虑到转动惯量估计误差的存在，其隶属函数采用梯形形式，如图5-21所示。

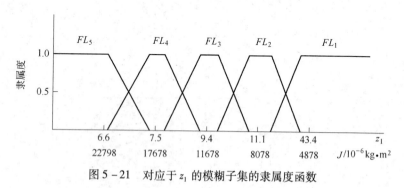

图 5-21　对应于 z_1 的模糊子集的隶属度函数

摆动气缸的实际转动范围为 $[0°, 270°]$，根据式（5-44）可得 z_2 的基本论域 $U_2 = [4.7562 \times 10^{-5}, 35.7 \times 10^{-5}]$。根据表5-8确定的工作点，在论域 U_2 上将 z_2 划分为 FP_1、FP_2 和 FP_3 三个模糊子空间，其隶属函数采用三角形形式，如图5-22所示。

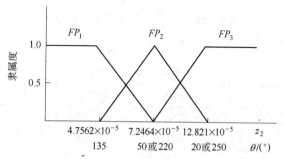

图 5-22　对应于 z_2 的模糊子集的隶属度函数

5.4.2.4　局部控制器

采用 PVDDP 控制器，在某一负载和工作点位置附近可获得较好的控制性能。因此，在气动位置伺服系统的 T – S 型模糊模型的各子系统中，局部控制器采用 PVDDP 控制器。对第 i 个子系统，PVDDP 控制算法描述为：

$$u^i(t) = k_1^i e(t) - k_{f\omega}^i \dot{\theta}(t) - k_{fd\Delta p}^i d\Delta p(t) \qquad (5-45)$$

式中　k_1^i ——第 i 个子系统局部控制器的比例系数，mm^2/rad；

　　　$k_{fd\Delta p}^i$ ——第 i 个子系统局部控制器的压力差微分反馈系数，$mm^2/(Pa \cdot s^{-1})$；

　　　$k_{f\omega}^i$ ——第 i 个子系统局部控制器的速度反馈系数，$mm^2/(rad \cdot s^{-1})$。

局部控制器式（5 – 45）中的参数采用 3.4 节介绍的设计方法确定，表 5 – 9 列出了各局部控制器的参数，包括比例系数 k_1、压力差微分反馈系数 $k_{fd\Delta p}$ 和速度反馈系数 $k_{f\omega}$。

表 5 – 9　局部控制器参数

子系统	1	2	3	4	5	6	7	8	9	10	11	12	13	14	15
k_1	3.8	3.3	2.9	3.8	3.3	2.9	2.9	3.3	3.5	2.7	3.2	3.5	2.5	3.0	3.2
$k_{f\omega}$	0	0	0	0	0	0	– 0.01	– 0.01	– 0.02	– 0.02	– 0.01	– 0.02	– 0.05	– 0.07	0
$k_{fd\Delta p}$	0	0	0	0	0	0	0.004	0.002	0	0.003	0.003	0	0.001	0.001	0.001

5.4.2.5　T – S 型模糊比例、速度和压力差微分反馈控制器

根据子系统和模糊子集的划分和 PDC 原理，可得 T – S 型模糊控制器的模糊控制规则：

CR^1:if z_1 is FL_1 and z_2 is FP_1 then

$$u(t) = k_1^1 e(t) - k_{f\omega}^1 \dot{\theta}(t) - k_{fd\Delta p}^1 d\Delta p(t)$$

CR^2:if z_1 is FL_1 and z_2 is FP_2 then

$$u(t) = k_1^2 e(t) - k_{f\omega}^2 \dot{\theta}(t) - k_{fd\Delta p}^2 d\Delta p(t)$$

CR^3:if z_1 is FL_1 and z_2 is FP_3 then

$$u(t) = k_1^3 e(t) - k_{f\omega}^3 \dot{\theta}(t) - k_{fd\Delta p}^3 d\Delta p(t)$$

CR^4:if z_1 is FL_2 and z_2 is FP_1 then

$$u(t) = k_1^4 e(t) - k_{f\omega}^4 \dot{\theta}(t) - k_{fd\Delta p}^4 d\Delta p(t)$$

CR^5:if z_1 is FL_2 and z_2 is FP_2 then

$$u(t) = k_1^5 e(t) - k_{f\omega}^5 \dot{\theta}(t) - k_{fd\Delta p}^5 \mathrm{d}\Delta p(t)$$

CR^6: if z_1 is FL_2 and z_2 is FP_3 then

$$u(t) = k_1^6 e(t) - k_{f\omega}^6 \dot{\theta}(t) - k_{fd\Delta p}^6 \mathrm{d}\Delta p(t)$$

CR^7: if z_1 is FL_3 and z_2 is FP_1 then

$$u(t) = k_1^7 e(t) - k_{f\omega}^7 \dot{\theta}(t) - k_{fd\Delta p}^7 \mathrm{d}\Delta p(t)$$

CR^8: if z_1 is FL_3 and z_2 is FP_2 then

$$u(t) = k_1^8 e(t) - k_{f\omega}^8 \dot{\theta}(t) - k_{fd\Delta p}^8 \mathrm{d}\Delta p(t)$$

CR^9: if z_1 is FL_3 and z_2 is FP_3 then

$$u(t) = k_1^9 e(t) - k_{f\omega}^9 \dot{\theta}(t) - k_{fd\Delta p}^9 \mathrm{d}\Delta p(t)$$

CR^{10}: if z_1 is FL_4 and z_2 is FP_1 then

$$u(t) = k_1^{10} e(t) - k_{f\omega}^{10} \dot{\theta}(t) - k_{fd\Delta p}^{10} \mathrm{d}\Delta p(t)$$

CR^{11}: if z_1 is FL_4 and z_2 is FP_2 then

$$u(t) = k_1^{11} e(t) - k_{f\omega}^{11} \dot{\theta}(t) - k_{fd\Delta p}^{11} \mathrm{d}\Delta p(t)$$

CR^{12}: if z_1 is FL_4 and z_2 is FP_3 then

$$u(t) = k_1^{12} e(t) - k_{f\omega}^{12} \dot{\theta}(t) - k_{fd\Delta p}^{12} \mathrm{d}\Delta p(t)$$

CR^{13}: if z_1 is FL_5 and z_2 is FP_1 then

$$u(t) = k_1^{13} e(t) - k_{f\omega}^{13} \dot{\theta}(t) - k_{fd\Delta p}^{13} \mathrm{d}\Delta p(t)$$

CR^{14}: if z_1 is FL_5 and z_2 is FP_2 then

$$u(t) = k_1^{14} e(t) - k_{f\omega}^{14} \dot{\theta}(t) - k_{fd\Delta p}^{14} \mathrm{d}\Delta p(t)$$

CR^{15}: if z_1 is FL_5 and z_2 is FP_3 then

$$u(t) = k_1^{15} e(t) - k_{f\omega}^{15} \dot{\theta}(t) - k_{fd\Delta p}^{15} \mathrm{d}\Delta p(t)$$

由上述 15 条规则构成了系统气动位置伺服系统的 T－S 型模糊控制器。通过单点模糊化、乘积推理和中心平均反模糊化法，整个系统的控制输出为每个子系统控制输出的加权组合，即

$$u(t) = \frac{\sum_{i=1}^{15} \alpha_i(z(t))(k_1^i e(t) - k_{f\omega}^i \dot{\theta}(t) - k_{fd\Delta p}^i \mathrm{d}\Delta p(t))}{\sum_{i=1}^{15} \alpha_i(z(t))}$$

$$= \sum_{i=1}^{15} \mu_i(z(t)) k_1^i e(t) - \sum_{i=1}^{15} \mu_i(z(t)) k_{f\omega}^i \dot{\theta}(t)$$

$$- \sum_{i=1}^{15} \mu_i(z(t)) k_{fd\Delta p}^i \mathrm{d}\Delta p(t) \qquad (5-46)$$

其中

$$\mu_i(z(t)) = \frac{\alpha_i(z(t))}{\sum\limits_{i=1}^{15} \alpha_i(z(t))} \quad i = 1, 2, \cdots, 15$$

式中,$\alpha_i(z(t))$ 根据式(5 - 41)的定义计算,例如

$$\alpha_1(z(t)) = FL_1(z_1(t)) \cdot FP_1(z_2(t))$$

由式(5 - 46)可以看出,局部控制器采用 PVDDP 控制的 T - S 型模糊控制器形式上仍然是 PVDDP 控制,但控制器的参数根据前提变量实时调节,本质上是非线性控制器。将上述 T - S 模型与 PVD-DP 控制相结合构成的控制器称为基于 T - S 模型的模糊位置、速度和压力差微分反馈控制器,简称为 TS - PVDDP 控制器。

采用 TS - PVDDP 控制,并结合比例阀非线性特性补偿辅助控制方法的控制系统框图如图 5 - 23 所示。图 5 - 23 中,TS - PVDDP 位置控制器的参数根据位置和负载通过模糊推理实时调节。其中的负

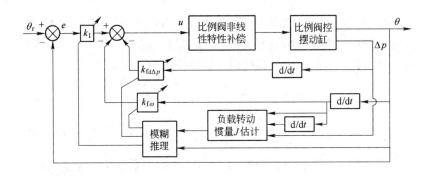

图 5 - 23 采用 TS - PVDDP 的控制系统框图

载转动惯量估计部分在 5.4.3 节中将详细介绍。

5.4.3 负载转动惯量的实时估计

在 TS - PVDDP 控制器中,前提变量 z_1 和 z_2 分别由负载转动惯量 J 和转角位置 θ 计算得到,其中,θ 可以通过旋转编码器直接测得,J 则需要实时估计。

5.4.3.1　转动惯量的递推最小二乘估计算法

依据运动方程式（2-9）估计转动惯量 J。令

$$\begin{cases} z(k) = Z\Delta p(k) - \beta\dot{\theta}(k) - M_f(k) \\ h(k) = \ddot{\theta}(k) \end{cases} \tag{5-47}$$

则

$$z(k) = h(k)J + n(k) \tag{5-48}$$

式中，$n(k)$ 为均值为零的随机噪声。

采用递推最小二乘法，可以得出转动惯量 J 的递推估计算法为：

$$\begin{cases} \hat{J}(k) = \hat{J}(k-1) + L(k)[z(k) - h(k)\hat{J}(k-1)] \\ L(k) = P(k-1)h(k)[h^2(k)P(k-1) + 1]^{-1} \\ P(k) = [1 - L(k)h(k)]P(k-1) \\ P(0) = \alpha^2, \alpha \text{ 为充分大的实数} \\ J(0) = \varepsilon, \varepsilon \text{ 为充分小的实数} \end{cases} \tag{5-49}$$

5.4.3.2　数据处理

在转动惯量的估计算法式（5-49）中，用到两腔压力差 Δp、速度 $\dot{\theta}$、加速度 $\ddot{\theta}$ 和摩擦力矩 M_f 等物理量。其中，速度和加速度需要通过角位移 θ 的差分计算得到，计算公式为：

$$\dot{\theta}(k) = \frac{\theta(k+1) - \theta(k-1)}{2T_s} \tag{5-50}$$

$$\ddot{\theta}(k) = \frac{\theta(k+1) + \theta(k-1) - 2\theta(k)}{T_s^2} \tag{5-51}$$

速度在零值附近时，摩擦力矩与速度的关系复杂，无法精确描述。为了提高估计的准确性，采用避开摩擦力矩非线性区的方法。具体方法为：当 $|\dot{\theta}(k)| < \omega_0$ 时，J 不做修正，即令 $\hat{J}(k) = \hat{J}(k-1)$；当 $|\dot{\theta}(k)| \geqslant \omega_0$ 时，摩擦力矩与速度的关系可表示为：

$$M_f(k) = \text{sign}(\dot{\theta}(k))M_{df} \tag{5-52}$$

式中，ω_0 由试验数据分析得出，取 $\omega_0 = 1\text{rad/s}$。

5.4.3.3　负载转动惯量估计实例

采用 3.4 节中不同负载下工作点位置为 135° 时获得的辨识数据，离线估计负载转动惯量。表 5-10 所示为不同负载转动惯量时的估

计结果，估计误差绝对值小于 15 kg·cm^2。

表 5-10 转动惯量离线估计结果

真值/kg·cm^2	48.78	80.78	112.78	176.78	227.98
估计值/kg·cm^2	63.59	90.02	116.71	172.37	215.86

图 5-24 所示为负载为 112.78 kg·cm^2 时转动惯量估计值的变化过程。由图 5-24 可以看出，转动惯量估计值收敛很快。

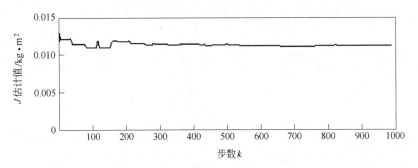

图 5-24 转动惯量估计值的变化过程

5.4.4 试验结果

在摆动气缸位置伺服控制试验平台上，对 TS-PVDDP 控制进行试验研究。在不同负载、不同工作点位置进行了大量试验，都获得了较好的控制性能，图 5-25～图 5-30 所示为部分试验结果。试验中，对压力信号采用均值法滤波处理，对由差分得到的压力差微分信号和速度信号采用一阶惯性滤波法进行滤波。采样周期为 10 ms，供气压力 0.41 MPa。

图 5-25～图 5-27 所示为负载转动惯量 112.78 kg·cm^2 时系统在摆缸行程内不同位置系统的响应曲线。可以看出，对于行程范围内的不同位置，系统都具有良好的响应特性：稳态误差都在 ±0.5°范围内，无超调，响应速度快，达到 ±0.5°误差范围的时间小于 1s。

图 5-28～图 5-30 所示为负载分别为 67.98 kg·cm^2，144.78 kg·cm^2，208.78 kg·cm^2 的响应曲线。可以看出，不同负载下，系

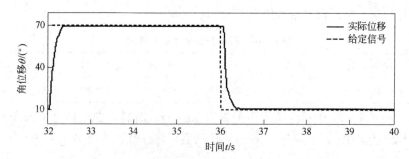

图 5 - 25   方波响应曲线（方波幅值 30°，中心 40°）

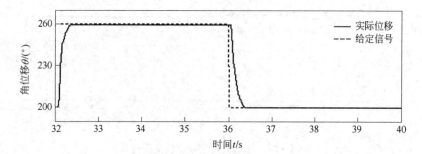

图 5 - 26   方波响应曲线（方波幅值 30°，中心 230°）

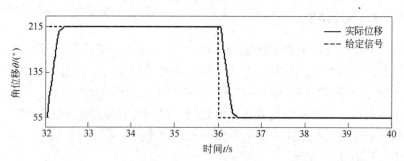

图 5 - 27   方波响应曲线（方波幅值 80°，中心 135°）

统都具有良好的响应特性，说明系统能够适应负载的大范围变化。

试验结果表明，对于行程范围内的任意位置，转动惯量为 5.3 ～ 228 kg·cm² 范围内的不同负载下，系统都具有良好的静态和动态响应特性：定位精度较高，稳态误差在 ±0.5° 范围内；动态特性较好，无超调或超调很小，响应速度快，达到 ±0.5° 误差范围的时间小于 1s。

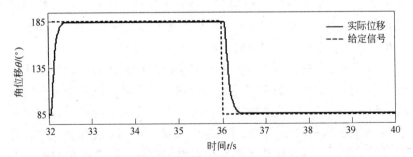

图 5 - 28　方波响应曲线（负载 $J = 67.98$ kg·cm^2）

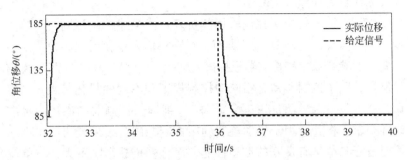

图 5 - 29　方波响应曲线（负载 $J = 144.78$ kg·cm^2）

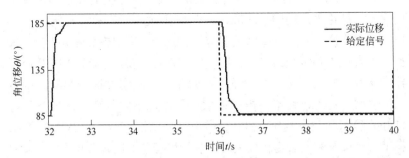

图 5 - 30　方波响应曲线（负载 $J = 208.78$ kg·cm^2）

5.5　本章小结

模糊控制基于经验知识，具有动态响应特性好、对系统参数变化不敏感、不依赖系统的精确数学模型等优点。本章将线性插值模糊控制、基于带调整因子模糊控制的变参数双模糊控制器、T－S型模糊控制应用于气动位置伺服控制。

离散论域模糊控制（D－FC）采用离线计算在线查表的工作方式，由于量化引起的稳态误差无法消除。线性插值离散论域模糊控制（LI－D－FC）将线性插值查表法引入D－FC，避免了传统D－FC输入的量化和输出的离散性，从而克服了D－FC由于量化引起的稳态误差问题。将其应用于气动位置伺服控制，仿真结果表明，采用LI－D－FC系统具有良好的动态响应特性，且与采用D－FC相比，系统稳态误差大大减小。

带调整因子的模糊控制采用解析表达式描述控制规则，简单方便、易于实现，但与D－FC类似，存在由输入量化引起的稳态误差问题。变参数双模糊控制器根据偏差切换"粗调"和"细调"模糊控制器，两个控制器具有相同的控制规则和不同的量化参数。"粗调"控制器的参数满足快速性要求；"细调"控制器的参数满足准确性要求。将其应用于气动位置伺服控制，试验结果表明，在不同给定信号时都具有良好的动态性能，而且受负载影响不大，与单模糊控制器相比控制精度高。

T－S模型是一种动态系统的模糊模型，特点是前提采用模糊量的形式，结论采用精确量的形式。T－S型模糊状态反馈控制（TS－PVDDP控制）将T－S模糊模型与PVDDP状态反馈控制相结合，根据工作点位置和负载的变化，通过模糊推理，实时调节PVDDP控制器的参数，实质上是一个增益可变的非线性状态反馈控制器。试验结果表明，对于行程范围内的任意位置以及不同负载，系统都具有良好的静态和动态响应特性。TS－PVDDP控制解决了PVDDP控制在工作点位置和负载变化较大时系统特性变差的问题。

参 考 文 献

[1] 张乃尧，阎平凡. 神经网络与模糊控制 [M]. 北京：清华大学出版社，1998.

[2] 张曾科. 一种提高模糊控制器控制精度的方法 [J]. 清华大学学报（自然科学版），1998，38（3）：58～61.

[3] Bai Yanhong, Quan Long, Sun Zhiyi. A linear interpolation fuzzy controller with NN compen-
sator for an electro – hydraulic servo system [C] //*International Conference on Computation-
al Aspects of Social Networks*, Taiyuan, China, 2010.

[4] Bai Yanhong, Zhao Zhijuan, Sun Zhiyi, Quan Long. A linear interpolation fuzzy controller for
a boiler pressure control [C] //6th *IFAC Symposium on Mechatronic Systems*, Hangzhou,
China, 2013.

[5] 冯冬青，谢宋和，等. 模糊智能控制 [M]. 北京：化学工业出版社. 1998.

[6] 柏艳红，李小宁. 变参数双模糊控制器在摆动气缸位置伺服系统中的应用 [J]. 机
床与液压, 2006 (3)：190～192.

[7] 柏艳红，李小宁. 气动位置伺服系统的 T – S 型模糊控制研究 [J]. 中国机械工程,
2008 (2)：21～22.

[8] Kevin M Passino, Stethen Yurkovich. 模糊控制 [M]. 北京：清华大学出版社, 2002.